枣树丰产状

金丝小枣

婆　枣

冬　枣

林猗梨枣

枣树开甲状

枣疯病症状

枣锈病症状

枣铁皮病症状

枣铁皮病落果状

枣瘿蚊危害状

绿盲蝽危害状

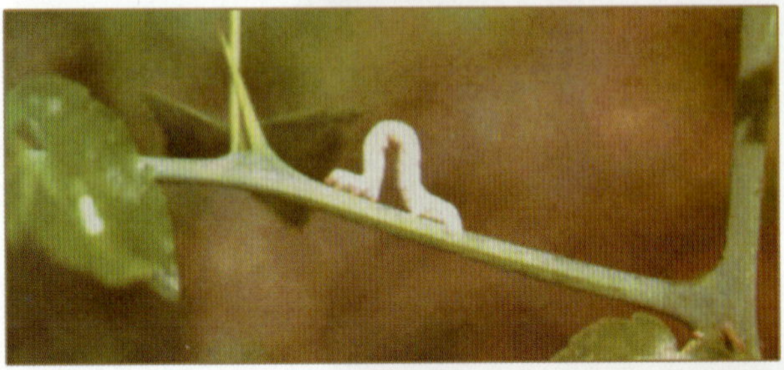

枣步曲幼虫

枣龟蜡蚧危害状

致 辞

世界二分之一以上的人口以及三分之二以上的贫困人口生活在农村地区。中国是世界上农业人口最多的国家，据2000年11月1日普查，乡村人口占63.91%。中国政府始终把农民脱贫致富看作是关系到国民经济能否持续、稳定发展的大问题。

近几十年来，中国农村中小学教育的发展，使农村劳动力的受教育水平有了显著的提高，但与城市居民相比，中国农民受教育程度总体上还不高，科学文化素质较低。随着农业经济的发展，农民迫切希望获得有关经济作物种植技术、农产品加工、家畜饲养等多方面的科技知识。而那些渴望摆脱贫困走向富裕的农民，更是急切地企盼通过便捷的学习新科学技术的途径，迅速发家致富。但他们缺乏与农业技术推广部门的沟通，也很少有机会得到专项培训和与公共服务部门的接触。

当前中国农业推广事业的发展，还没能使技术在农民增收中发挥最大作用，“科技兴农富民培训教材”系列图书的出版，为农民培训提供了丰富而可供选择的教材，使广大农民能够从中学到既先进又实用的新知识、新技术、新信息，这是一件提高农民素质，引导农民科学经营农业，不断增加收入的基础性、公益性益举。

国际农村教育研究与培训中心是中国政府和联合国教科文组织合作建立在中国的国际教育机构。自1994年成立以来，始终致力于农村教育思想、方法、技术的国际研究与传播，促进教科文各会员国之间对农村地区人力资源开发政策和战略的磋商与合作。河北农业大学科教兴农中心一直是我们密切合作的伙伴。他们情系农民、农村，心系农业创新与发展，始终如一。现在他们组织的“科技兴农富民培训教材”出版了，可喜可贺。愿该系列图书不仅给中国也给其他可适用国家和地区的农民带来切实的经济效益。

联合国教科文组织

国际农村教育研究与培训中心

2004 年 12 月 30 日

序

当前，我国已经进入建设全面小康社会和加快推进社会主义现代化建设新的历史时期。解决好“三农”问题，直接关系经济社会的持续、快速、健康发展。党中央、国务院高度重视“三农”工作，把解决好“三农”问题作为全党和全部工作的重中之重，制定了一系列惠农政策，实行城乡统筹，加大对“三农”的投入力度。

农民增收是“三农”问题的核心。增加农民收入，必须大力拓宽农民就业渠道，加快农民向非农产业转移步伐，逐步减少农民数量。加强农民培训，使广大农民尽快掌握科技文化知识和生产技能，提高农民素质，是扩大农民就业、实现农民增收的重要途径。当前，科技发展日新月异，科技进步对推动经济社会发展的作用日趋突出。增强农业农村经济市场竞争力，推进农村小康建设，必须加大农业科技推广力度，促进科技进村入户，提高农民运用科技增收致富的本领。

河北省扶贫开发办公室和河北农业大学联合组织编写的这套《科技兴农富民培训教材》系列丛书，以培训农民为对象，以种植业、养殖业致富实用技术为重点，通俗易懂，简便易行，针对性、实用性、可操作性都很强，是农民脱贫致富的金钥匙。丛书的出版发行，对我省农业、农村经济发展必将起到有力的推动作用。

预祝“丛书”的出版发行取得圆满成功。

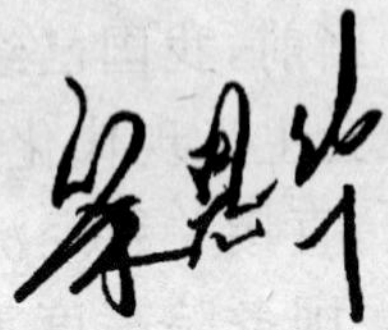

2005年3月16日

注：宋恩华同志现任河北省人民政府副省长

通讯地址：河北省保定市河北农业大学园艺学院

邮政编码：071001

咨询电话：0312—7528300

目　录

第一章　概　述

一、枣产业发展现状及前景

(一)枣产业发展现状

枣树是原产于我国的具有重要利用价值的果树树种之一。在我国古代,枣位列桃、杏、李、栗之前,被称为“五果”之首,栽培历史至少在 3 000 年以上。至今,枣树仍然是我国第一大干果树种。

目前,我国枣树栽培面积已达 60 多万公顷,产量达 130 多万吨。其中主要产量集中在河北、山东、山西、河南和陕西五省。南方的江苏、湖北、湖南、广西、安徽和浙江,西北的甘肃和新疆,东北的辽宁,以及北京和天津等地,都有一定的栽培。在国外,目前除韩国有枣的经济栽培外,其他国家少有栽培。

在枣品种发展方面,近年来在继续发展传统的制干品种和制干加工兼用品种的基础上,鲜食品种发展速度较快,形成了干枣、鲜枣、蜜饯枣多品种发展的良好局面。

枣产业已成为许多山、沙、旱、盐碱等贫困地区的支柱性产业,成为农民脱贫致富的“摇钱树”。

(二)枣产业市场前景

枣是著名的高营养滋补和药用果品,长期以来是市场上不可缺少的商品之一。

枣果中含有丰富的营养物质。据分析,干制红枣,其每 100 克果肉,含碳水化合物 50.3～86.9 克,热量 1 291.62 千焦，蛋白质 3.3 克，脂肪 0.4 克，钙 61 毫克，磷 55 毫克，铁 1.6 毫克。作为传统的滋补佳品，红枣一直是我国干果市场中重要的商品，备受消费者喜爱。另外，枣花粉中含有丰富的氨基酸、维生素及矿质元素，枣花蜜是上等的滋补品。

鲜枣中含有丰富的维生素 C，每 100 克鲜枣果肉中含维生素 C 110～800 毫克；除此之外，还含有较多的维生素 B、维生素 P、黄酮类物质及环磷酸腺苷和环磷酸鸟苷等。其中黄酮类物质与镇静作用有关，而环核苷酸类被称作生命“第二信使物质”，参与多种生理生化过程的调节。临床证明，环磷酸腺苷对冠心病、心肌梗死和心源性休克等，有显著疗效。

现代医学研究表明，枣对气血不足、贫血、肺虚咳嗽、神经衰弱、失眠、高血压、败血病和过敏性紫癜等均有疗效。

枣业作为我国特有的种植产业，在农村经济中发挥着重要的作用。河北省太行山区和冀东盐碱地区，山西省吕梁山区，陕西省黄河故道区等地区，通过大力发展枣树生产，发展了农村经济，提高了农民收入。河北省的赞皇和黄骅，山西省的临猗，山东省的沾化等地，依靠枣业盘活了地方经济，提高了在国内的知名度，展示了枣产业良好的发展前景。

我国目前是世界上最大的枣生产国和惟一的枣产品出口国。枣，作为我国的特产果品，在外贸出口方面具有巨大的发展潜力。

二、枣树栽培技术发展趋势

目前，我国的枣树生产发展很快，整个产业的工作重点是改善品种和产品结构、提高单产和质量、开发高附加值的深加工产品，以市场为导向，提高质量和效益。栽培方面，枣树已经从粗放管理转向集约化栽培。枣树栽培技术的发展，也呈现出新的特点和发展趋势。

（一）栽培品种优种化、多元化

品种是枣树生产的基础。枣树的经济寿命常达数百年至上千年，因而品种选择尤为重要。市场要求品种要适销对路，栽培要求品种适应性强，经济栽培性状好。因此，各地在枣树发展中，特别重视良种的培育和选择。

近年来，枣树品种的优种化、多元化趋势明显。一方面，各地在发展传统优良品种的同时，加大了对传统品种的优化和改造。如河北和山东的金丝小枣产区，近年来开始有计划地用金丝新3号、金丝新4号、金丝丰和金丝蜜等新优品种，代替和改造传统的金丝小枣品种，使品种进一步升级换代；另一方面，枣品种结构得到更合理的搭配，制干、鲜食、兼用、蜜枣和观赏品种，早、中、晚熟品种，开始实现协调发展。

（二）苗木嫁接化、规范化

优良品种，只有采取无性繁殖，才能保持其优良种性。近年来，枣树的嫁接育苗技术得到了进一步的完善。因此，新发展区基本实现了嫁接苗栽培，建园质量有了明显的提高。

（三）栽培矮密化、设施化

矮密栽培，已成为当今果树发展的主流；设施栽培，则是近年来果树发展的热点之一。枣树的矮密栽培和设施栽培发展较晚，但是密植栽培已经在生产中广为应用。设施栽培尚在试验起步阶段，主要用于鲜食品种的错季栽培。从长远看，设施栽培特别是延迟成熟栽培，由于能够有效延长鲜枣供应期，并可解决鲜枣裂果问题，因而将是今后鲜食品种发展的重点方向之一。由于枣容易裂果，遮雨栽培在枣树上开始应用；另外，架式栽培也已经试验成功。

（四）生产过程无害化、绿色化

和其他作物一样，枣树生产中存在化肥量使用过多的问题。其结果是虽然增加了产量，但引起果实品质和抗病性的下降，同时对环境的污染也日趋严重。病虫害防治是枣树生产上的关键环节。不合理地施用化学农药，同样不同程度地造成农药残留和环境污染。因此，在当今提倡食品安全生产的新市场要求下，无害化、绿色化生产成为枣树栽培的又一主题。平衡有机施肥、科学用药和病虫害综合治理三者的关系，是确保在生态平衡的前提下，生产出高质量枣果的新的技术要求。

（五）修剪周年化、精细化

修剪是调整树体营养，加快树冠成形，提高产量和品质的切实有效的方法。现代枣园修剪技术，已经实现周年化、精细化。进行大树改造，提倡"上开心、下拉平，降树高、枝平衡"的修剪技术，大大提高了老枣区几十年甚至上百年枣树的结果能力和枣果质量。新发展密植枣园则坚持实行周年修剪、精细修剪，实现了枣树立体结果，单产和枣果质量共同增长。

（六）采后处理机械化、标准化

采后商品化处理，是枣果标准化生产的重要组成部分。目前，国家新的枣果质量等级标准，正在制定当中，机械化枣果分级设备、清洗及包装设备，也开始在企业应用，因而大大提高了枣果的商品质量。在今后的枣果生产中，采后处理将更加规范化，从而实现枣果生产的高效益，促进枣农收益的增加。

思 考 题

1．我国目前枣产业的工作重点是什么？

2．枣树栽培技术有哪些新的特点和发展趋势？

第二章　枣优良品种

一、枣品种的分类

我国枣树品种资源非常丰富。在《中国果树志·枣卷》一书中，记载的品种有 700 个。这些品种按用途可划分为制干、鲜食、加工和兼用四类。

制干品种，即果实用于晒制红枣的品种。其特点是果肉厚，汁少，含糖量高。如金丝小枣、圆铃和婆枣等。

鲜食品种，是指果实用于生食的脆枣品种。其特点是果皮薄，肉质嫩脆，多汁，含糖量高，味甜或稍酸，核小，制干率低。如冬枣、临猗梨枣、辣椒枣和大白铃等。

蜜枣品种，一般指果实适于制作蜜枣或枣脯的品种。其特点是果形为长圆形，果个大而整齐，果肉厚，肉质疏松，少汁，含糖量低，果肉内空胞较大，皮薄，核小。如义乌大枣和平南大枣等。

兼用品种，是指果实有两种或两种以上用途的品种。如赞皇大枣、板枣和敦煌大枣等。

二、枣优良品种

(一)制干枣品种

1. 金丝小枣　原产于河北省和山东省的交界地带。果实晒至半干时，掰开果肉，黏稠的果汁可拉成 6～7 厘米长的金色细丝，故名。主要产区有河北的沧县、献县、泊头、盐山、青县和山东的乐陵、无棣、庆云、寿光等县、市，其金丝小枣的栽培株数占当地枣树株数的95%左右，产量占全国枣果总产量的20%以上。

果实较小，平均单果重5克。果形因株系而异，主要有椭圆形、圆形、柱形、鸡心形、倒卵形和梨形等。果皮薄，鲜红色，光亮美观。果肉乳白色，质地致密细脆，汁液中多，味甘甜微酸，含可溶性固形物34%～38%，维生素C 560毫克/100克，可食率为95%～97%，制干率为55%～58%。宜制干和鲜食，品质上等。红枣果形饱满，肉质细，赋有弹性；含总糖74%～80%，酸1.0%～1.5%；味清甜，无苦辣杂味，色深红光亮，皱纹细浅，耐贮运，品质极上等。果核小，核内很少含有种子。于9月上旬着色，9月下旬完全成熟。

树体中大，树姿开张，干性中强，成枝力中等。结果龄期较晚，6年生左右树体基本形成，开始大量结果。进入结果期后，产量高而稳定。

环境适应性较差，要求花期温热、成熟期少雨和土壤深厚肥沃的自然条件。坐果的温度下限为日均温23℃。果实成熟期遇连阴雨易裂果，浆、烂严重。不耐瘠薄，在山岭薄地或砂质土上长势弱，树势早衰，产量和品质下降。其商品性栽培需选择肥沃深厚的壤质土或黏壤土。对土壤盐碱有较强的耐性。

金丝小枣是我国目前最优良的制干和最主要的出口枣品种之一。近年来，各地从金丝小枣中选育了许多新的品系和品种，建园栽培时应注意选择。如山东省果树研究所和河北省沧县林业局选出的金丝新1号、金丝新2号、金丝新3号、金丝新4号、金丝丰和金丝蜜等，均可供选择栽培。

2. 婆枣 别名阜平大枣、行唐大枣等。分布较广，河北太行山中段的阜平、曲阳、唐县和行唐等地的浅山丘陵地带，为其集中产区，产量约占全国枣总产量的10%。

果实长圆形或卵圆形，侧面稍扁，大小较整齐。平均单果重11.5克。果面平滑。果皮较薄，棕红色，韧性差。着色前阳面有褐色晕块，遇雨易裂果。果肉乳白色，粗松少汁，可食率为95.4%，制干率为53.1%。其干枣含总糖73.2%，酸1.44%。肉质松，少弹性，甜酸适口，品质中上等。果实多数不含种子。于9月下旬至10月上旬成熟。

树体高大，树姿直立开张，为圆头形或乱头形。树势强健，干性强，发枝力弱。对环境适应性很强，耐旱，耐瘠，花期能适应较低的气温和空气湿度，产量高而稳定。果形整齐，果肉厚，制干率较高，干制红枣品质优良，也可用以加工蜜枣。惟结果较晚，易裂果。可在成熟期少雨的地区推广栽培。

3. 圆铃枣 别名紫铃、圆红、紫枣。盛产于山东省聊城、德州地区，以茌平、东阿、聊城、齐河、济阳最为集中。河北省西南部，河南省东部，以及山东省的潍坊、泰安、济宁和惠民等地，也有成片集中栽培。为山东重要的制干品种，数量占全省枣树的一半以上，产量约占全国枣总产量的10%。该品种被引入江苏和新疆等地后，表现良好。

果实近圆形或平顶锥形，侧面略扁，其大小不太整齐(图1)。大果平顶锥形，平均单果重12.5克。果面不很平，略有凹凸起伏。果皮紫红色，具紫黑色小点，有光泽，较厚，韧性强，不裂果。果肉厚，绿白色，质地紧密，较粗，汁少，味甜，制干率为60%～

图1 圆铃枣

62%，鲜食风味不佳。干制成的红枣，含糖分 74%～76%，酸 0.8%～1.4%；乌枣含糖 73.8%，酸 0.75%。干枣品质上等，极耐贮运。于 9 月上中旬成熟，果实一般不含种子。

树体高大，树姿开张，树冠自然半圆形。对土壤、气候的适应性均强。树体强健，耐盐碱和瘠薄，在黏壤土、砂质土与砾砂土上都能较好生长。产量较高而稳定，不裂果。干制红枣品质上等，耐贮藏，也适于加工乌枣。可在多数地区发展。新选品系有圆铃 1 号和圆铃 2 号。

4. 相枣 别名贡枣。原产于山西省运城市北相镇一带。果实大，卵圆形，平均单果重 22.9 克，大小不均匀(图 2)。果皮厚，紫红色，果面平滑，赋有光泽。果肉厚，绿白色，肉质较硬，味甜，汁少，适宜制干。干枣品质上等，可食率为 97.6%，制干率为 53.0%。鲜枣含可溶性固形物 28.5%，含维生素 C 474 毫克/100 克。干枣含糖 73.5%，酸 0.84%，维生素 C 23.6 毫克/100 克。核小，大果中有不饱满种仁，小果的核有退化现象。果实在原产地于 9 月中旬成熟。

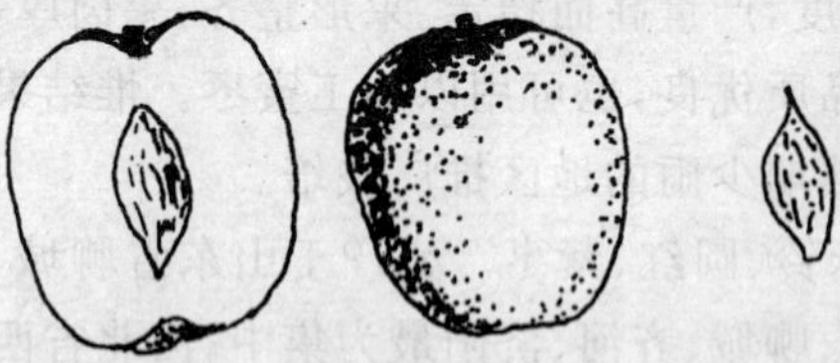

图 2 相 枣

树势中庸或较强，树体较大，树姿半开张。该品种适应性强，结果较早，产量中上等，稳定，成熟期遇雨裂果轻，落果少，干果品质优良，适宜在北方大部分地区栽培。

5. 官滩枣 原产于山西省襄汾县官滩村，为当地主栽品种，栽培数量不多。果实中大，长圆形，平均单果重 11 克，大小较均匀(图 3)。果皮厚，深红色，果面欠光滑。果肉厚，绿白色，肉质细而致密，味甜，汁少。鲜枣含可溶性固形物34.5%，酸0.39%，维生素C 445.9毫克/100克，可食率为95.9%。适宜制干，品质上等，制干率为52.0%。干枣含糖65.1%，酸0.94%，维生素C 308毫克/100克。核小。果实在产地于9月下旬成熟。

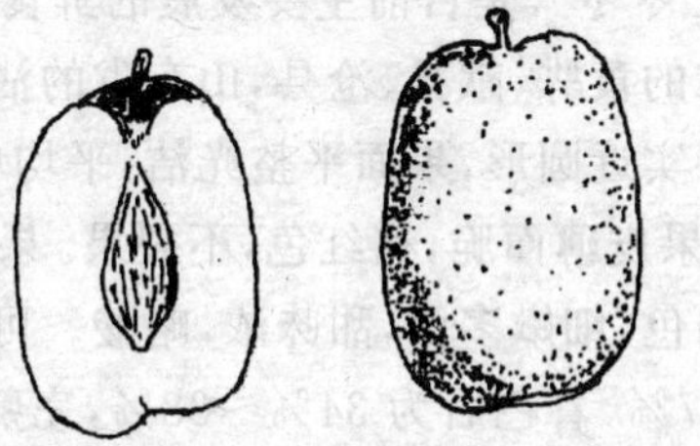

图3 官滩枣

树势中庸，树体较大，干性较弱，树姿半开张。该品种适应性较强，结果较晚，产量较高而稳定，成熟期遇雨裂果轻。适宜于北方地区栽培发展。

6. 无核小枣 主要产于金丝小枣产区，如山东省乐陵、庆云与无棣，和河北省沧县、泊头与献县等地。果实圆柱形，果个小，平均单果重3.13克(图4)。果皮薄，赋有韧性，鲜红色，果顶微凹。果肉细腻，味甜，无杂味。含还原糖14.5%，有机酸0.483%，维生素C 306.12毫克/100克。核退化，只剩不完全的膜片，种仁多不发育，果心形成一个无核的空腔，大果中稀有形成一枚种子者。可食率为99%，制干率为61.1%。干枣果纹细浅，品质好。果实于9月中下旬左右全红，发育期约98天。

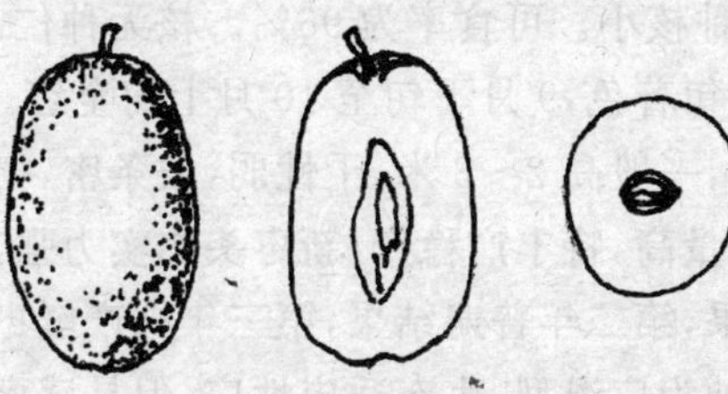

图4 无核小枣

树冠呈自然圆头形。树势中庸，萌芽力强，成枝力中等。该品种对土壤适应性较强，但以深厚肥沃的黏质潮土最为适宜。抗盐碱、抗旱涝能力强。新选育的品种和品系有无核红、沧无 3 号和沧无 1 号等。

(二)鲜食枣品种

1. 冬枣 是目前主要发展的鲜食品种之一。主要产区在河北省的黄骅、献县、沧县,山东省的沾化等地。

果实近圆形,果面平整光洁,平均单果重 11 克左右。果柄较长。果皮薄而脆,赭红色,不裂果。果点小,圆形,不明显。果肉绿白色,细嫩多汁,甜味浓,略酸。可溶性固形物含量,白熟期为 27%,着色后为 34%～38%,完熟前为 40%～42%。可食率为 96.9%,鲜食品质极上等。果核小,多数具饱满种子。果实成熟晚,耐贮藏。果实成熟期在 9 月底(白熟期)到 10 月中旬(完熟期)。白熟期与完熟期枣均能鲜食,可陆续采收。

树体中大,树势中庸,树姿开张,树冠多为自然半圆形。发枝力中等,枝叶较密。适应性较强,耐盐碱,要求较精细管理,丰产稳产。对幼树需要做好防寒工作。

2. 临猗梨枣 原产于山西省南部的运城和临猗等地,20 世纪 90 年代以来得到大面积推广。

果实特大,长圆形,平均单果重 30 克左右,最大果重 50 克以上。果梗细,果皮薄,浅红色,果面不光滑,果点小而密。果肉厚,白色,肉质松脆,汁多味甜,品质上等,适宜鲜食。鲜枣含总糖 22.25%,维生素 C 292.25 毫克/100 克,水分 69.8%,其糖酸比为 60.46∶1。种核小。可食率为 96%。核无种仁。在山西,其果实于 9 月中旬着色,9 月下旬至 10 月上旬全红。

树势中庸,树体较小,一般高 2～3 米,干性弱,枝条密,树姿开张。结果早,前期产量高,特丰产稳产,新枣头结实力强。嫁接苗当年即可少量结果,第二年普遍结果,第三年株产鲜枣量可达 3.5 千克。该品种为广温型,生态适应性广,但易感枣疯病和铁皮病,易裂果,成熟期落果较严重,需适时分期人工采摘。

3. 蛤蟆枣 分布于山西省南部永济县仁阳一带，为当地主栽品种。果特大，扁柱形（图 5），平均单果重 34 克，最大果重 40 克以上。大小不均匀，果形不端正，果面不光滑，有紫黑色斑点，类似癞蛤蟆的瘤状。果皮薄，深红色，果点小。果肉厚，白色，肉质细脆，味甜汁多，品质优良，适宜鲜食。鲜枣含总糖23.81%，酸 0.432%，维生素 C 397.46 毫克/100 克，水分 68.4%。种核小。可食率为 97.17%，无种仁。在山西，其果实于 9 月上旬着色，9 月底全红。

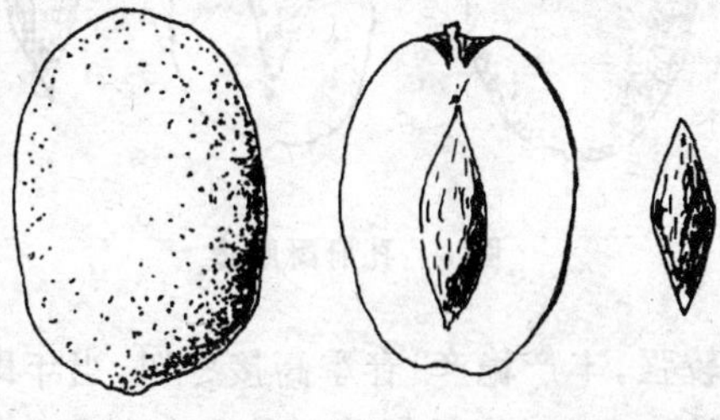

图 5 蛤蟆枣

树势强健，树体高大，干性较强，枝条中密，粗壮，树姿较直立，树冠自然半圆形。该品种抗枣疯病能力强，结果较早，产量中等。果实特大，果肉厚，种核小，可食率高，肉质细脆，味甜汁多，品质优良，鲜枣耐贮藏，适宜鲜食。但抗霜力弱，成熟期遇雨易裂果。对栽培条件要求较高，栽植不宜过密，枣头坐果率高。宜分期适时进行采收。

4. 孔府酥脆枣 孔府酥脆枣是山东省果树研究所，从山东省枣树品种资源中发掘筛选出来的优良鲜食品种。

果实长椭圆形或长倒卵形，侧面略扁，大小整齐（图 6）。平均单果重 12 克，最大果重 20 克。果面不平整，有 7～8 条纵行浅棱。果皮较厚，深红色，光亮艳丽。肉质细，酥脆，略起沙，汁中多，甜味浓，稍具酸味。可溶性固形物含量，在白熟期为 28%，全红脆熟期高达 35.0%～36.5%。可食率为 96.5%。适

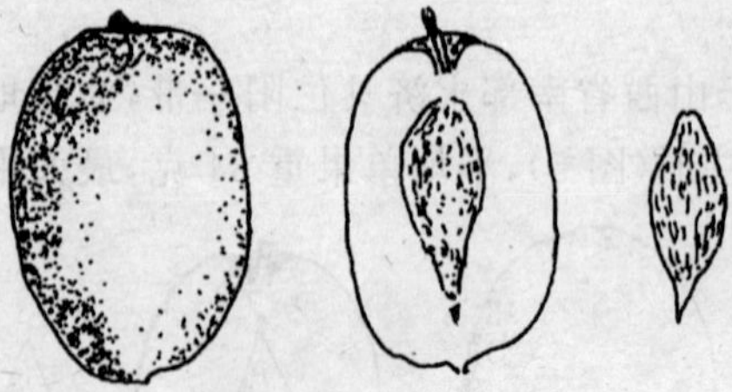

图 6　孔府酥脆枣

口性强，品质优良。在山东中部，其果实从 8 月中旬开始着色到 9 月中旬完全着色期间，均可采收食用，商品价值很高。

树势较强，成龄树株高 5～7 米。早实性较强，丰产稳产。春季高接枣树，当年即能少量结果，第二年开始正常结果；幼树栽种第二年结果，第三年株产量可达 2～3 千克。环境适应性较强，在砂壤和黏壤中生长结果良好。较耐旱，对枣锈病和炭疽病抗性较强，遇雨很少裂果，为有发展前途的中早熟鲜食枣品种。

5. 鲁北梨枣　别名大铃枣，脆枣。原产于河北省的沧州、山东省的乐陵、庆云和无棣等地，栽培不多。

树势中庸，树体中大，干性中强，树势开张。枣头紫褐色，托叶刺不发达。枣股较小，抽吊力中强，枣吊长且粗壮。花药无花粉，需配置授粉品种。果实大，梨形，平均单果重 16.4 克，大小不均。果皮较薄，果面欠平滑。果肉厚，肉质细脆，味甜略酸，汁较多，品质上等，适宜鲜食。鲜枣含可溶性固形物 28.0%～32.0%，维生素 C 347 毫克/100 克。核较大。在原产地，果实于 9 月上中旬成熟。

适应性较强。结果较早，产量中等，稳定；品质好，宜鲜食。抗裂果。适宜在城郊和工矿区发展。发展时需配置授粉品种。

6. 不落酥　原产于山西省平遥县赵家村一带，栽培数量少。果实大，扁柱形(图 7)，平均单果重 20 克，大小不均匀。果皮中厚，紫红色，果面不平滑。果肉厚，绿白色，肉质酥脆，味甜，汁中多，品质上等，适宜鲜食。鲜枣含可溶性固形物 31.8%，酸 0.42%，维生素 C 256.0 毫克/100 克。可食率为 96.5%，核小，无种仁。在山西省太谷地区，果实于 9 月下旬成熟。

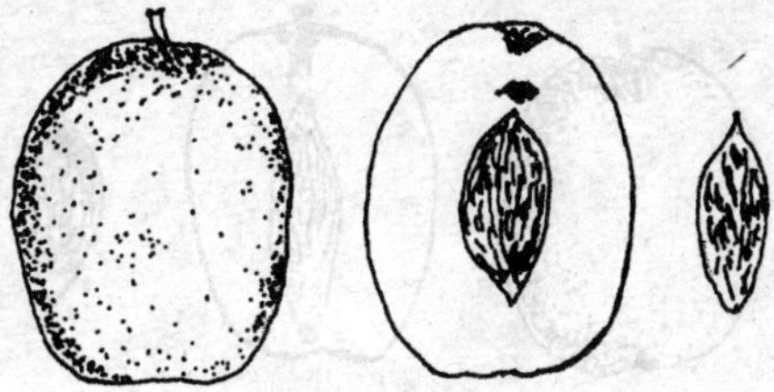

图 7　不落酥枣

树势较强，树体中大，树姿开张。枣头红褐色，托叶刺不发达。枣股小，抽吊力较强，枣吊细而较长。适应性较强，结果较早，产量中等。在北方秋雨少的地区，可适量栽培发展。

7. 湖南鸡蛋枣　分布于湖南省溆浦、麻阳和衡山等地，栽培数量不多。

果实大，卵形，平均单果重 19.4 克，大小不均匀。果皮薄，紫红色。果肉厚，白绿色，味甜，汁较多，品质上等，适宜鲜食。鲜枣含可溶性固形物 33.0%，酸 0.14%，维生素 C 335.0 毫克/100 克。可食率为 95%。核较小，纺锤形，含仁率低，种仁不饱满。在山西太原地区，其果实于 9 月下旬成熟。

树势中庸，树体较大，树姿开张。枣股大，抽吊力中等，枣吊中长。花量少。适应性强，结果早，丰产稳产。将其引进山西和陕北后，均表现良好，可作为鲜食良种发展。

8. 大白铃　系山东省果树研究所 1982 年从本省夏津县李楼村选出的优良单株，于 1999 年 4 月通过山东省农作物品种审定委员会审定并命名，现已在山东、河北、山西、江苏和云南等省引种栽培。

果实特大，单果重 24.5～25.9 克。果实近球形或短椭圆形(图 8)。果皮薄，棕红色，赋有光泽。果肉绿白色，质地松脆

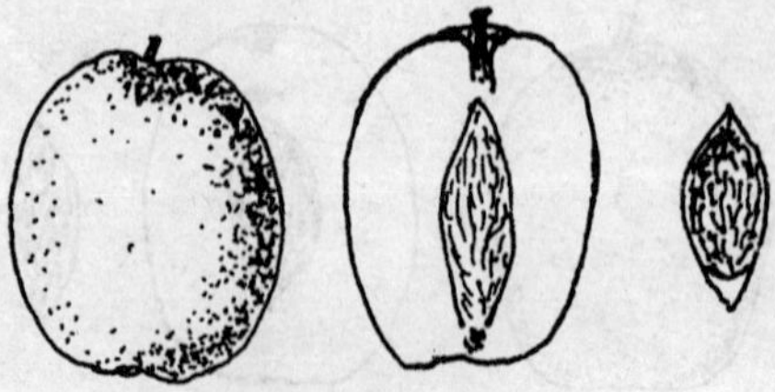

图 8　大白铃枣

略粗，汁中多，味甜，口感好。含可溶性固形物33%，可食率为98%，品质上等。果核较大，无种仁。在泰安，其多年生枝上的果实于9月上中旬成熟，当年生枝上的果实于10月上旬成熟采收，果实生育期为95天左右。

树势中庸，干性较强，发枝力中等。耐瘠薄，抗旱，抗寒，抗风，较抗炭疽病和轮纹病，裂果极轻。进入结果期早，嫁接树当年即能结果，春季定植的结果株率达90%以上，丰产稳产，鲜食品质优良，是有发展前途的中熟大果型鲜食枣品种。

（三）蜜枣品种

1. 宣城尖枣　别名长枣。原产于安徽省宣城的水东，主要分布于宣城水东、孙埠、杨林等乡镇，为当地的主栽品种。已有200多年栽培历史。

果实长卵圆形，果面光滑，果肩平整，果顶凸出尖形（图9）。果实大，纵径为4.8厘米，横径为3.7厘米。平均单果重22.5克，大小整齐。果皮红色，采收加工期为乳黄色，很少裂果。果肉乳黄色，汁液少，甜味淡，可食率为97%。果实于8月下旬进入白熟期，9月上中旬着色成熟。为蜜枣加工优良品种，蜜枣果形整齐，透明度好，吸糖量高，肉厚核小，品质

图 9　宣城尖枣

上等，素有“天香枣”和“金丝琥珀蜜枣”之称，畅销国际市场。

树姿开张，树冠圆锥形，发枝力较弱，高产稳产。

2. 宣城圆枣 别名团枣。分布于安徽省的许东和孙埠等地，为当地主栽品种之一。果实大，近圆形，平均单果重 24.5 克，大小均匀。果皮薄，果面平滑。果肉厚，绿白色，质地致密细脆，味较甜，汁中多，用它加工蜜枣，品质上等。白熟期果实含糖 10.7%，酸 0.23%，维生素 C 333.1 毫克/100 克。可食率为 97.4%。核小，含仁率高，种仁饱满。在产地，其果实于 8 月中旬白熟，9 月上旬脆熟。

树势较强，枝条较密，树体较大，树姿半开张。适应性较强，结果早，丰产稳产。

3. 义乌大枣 原产于浙江省义乌，为当地主栽品种。果实大，圆柱形或长圆形（图 10），平均单果重 15.4 克，大小均匀。果皮较薄，果肉厚，乳白色，质地较松，用它加工蜜枣，品质上等。白熟期果实含可溶性固形物 13.1%，维生素 C 503.2 毫克/100 克。核中大，含仁率高，种仁饱满。在产地，果实于 8 月下旬采收，用以加工蜜枣。

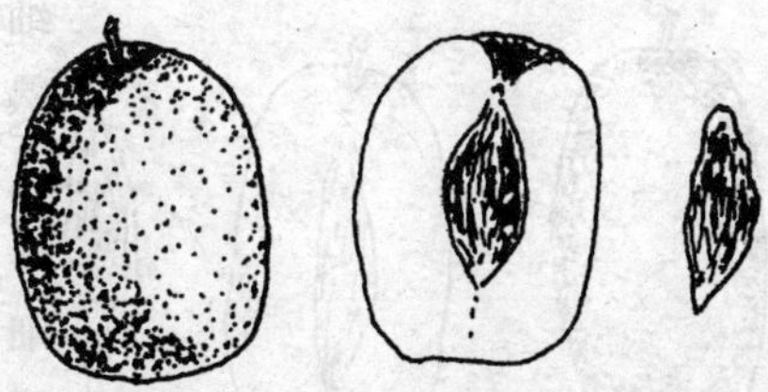

图 10 义乌大枣

树势强，树体较大，树姿较开张。适应性较强，结果较早，产量较高。自花结实率低，栽培时须配置授粉品种树。

4. 繁昌长枣 主要分布于安徽省繁昌县的横山乡、环城乡、马坝乡和峨桥乡一带，为当地原产的主栽品种，已有 300 余年的栽培历史。

果实较大，长柱形，中腰部分常有不对称的缢痕，两端多显歪斜。平均单果重14.3克，大小整齐。果皮薄，脆熟期赭红色，白熟期绿白色。极少裂果。果肉淡绿色，质地致密且脆，进入脆熟期后甘甜可口。可食率达98.3%。每100千克鲜枣可制蜜枣78千克。蜜枣成品个大，整齐，皮薄，肉厚，核小，含糖量高，呈半透明琥珀色，品质极上等。核细小，无种子或含有不饱满的种子。8月上旬白熟，8月底至9月初脆熟。

树体高大，树姿开张，树冠自然圆头形。耐旱涝，耐瘠薄，适应性强，但不抗枣疯病。丰产稳产。适宜在南方枣区推广栽培。

5. 灌阳长枣 别名牛奶枣。主要分布于广西灌阳，数量占当地枣树的98%～99%。

果实较大，长圆柱形，果尖多向一侧歪斜（图11）。平均单果重14.3克，大小、形状比较整齐一致。果尖较长，渐尖，顶端细圆或突尖。果皮较薄，白熟期乳黄色，略有绿色，着色后为深赭红色，赋有光泽。果肉黄白色，质地较细，稍松脆，汁液少，味甜。可食率为96.9%。白熟期含可溶性固形物18%以下。全红果含总糖27.9%，维生素C 90毫克/100克。适宜加工蜜枣和鲜食，蜜枣成品品质优良，以“和平牌蜜枣”驰名我国两广地区及东南亚国家。果实于8月上旬进入白熟期，9月上旬完熟。

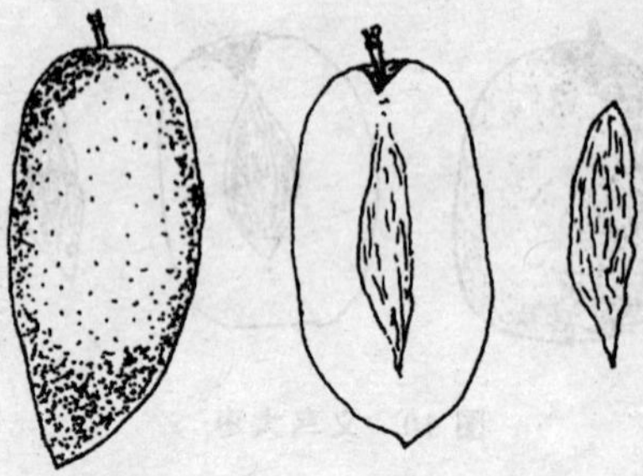

图11 灌阳长枣

树体较高大，干性较强，树姿开张，树冠为自然圆头形或半圆形。枝叶较密。对土壤、气候适应性强，结果早，产量高且较稳定。适宜在南方蜜枣产区栽培。

(四)兼用枣品种

1. 赞皇大枣 别名金丝大枣。为目前已知的惟一自然三倍体品种。主产于河北省赞皇县,在赞皇已有400多年栽培历史。引入新疆南部和山西后表现甚佳。但在淮河以南地区产量低,烂果重。现已在北方各省大面积推广栽培。

果实长圆形或倒卵形,平均单果重17.3克,最大果重29克,大小整齐。果面平整。果皮深红褐色,较厚。果肉近白色,致密质细,汁液中等,味甜略酸,含可溶性固形物30.5%。可食率为96.0%,制干率为47.8%。鲜食风味中上等,其干制红枣果形饱满,有弹性,耐贮运,品质上等;其加工蜜枣品质优良。果核不含种子。于9月下旬成熟。

树体较高大,树势强健,树姿直立半开张,树冠自然圆头形。枣头粗壮。叶片大,叶色浓绿。适应性较强,耐瘠耐旱,丰产稳产。干制和加工蜜枣品质上乘,也宜鲜食,用途广泛。但不抗裂果和枣疯病。适于北方日照充足、夏季气候温热的地区大力栽培发展。该品种变异较大,新建园栽培发展时,应注意选择优良品系。近期通过审定的优良品系,有赞晶、赞玉和赞宝。

2. 灰枣 该品种起源于新郑,约有2 700余年的栽培历史。主要分布于河南省的新郑、中牟、西华等县和郑州市郊,栽种株数占当地枣树总株数的80%。该品种在新疆南部及江苏省南京引种栽培后,表现良好。

果实长倒卵形,上部稍细,略歪斜(图12)。平均单果重12.3克。果面较平整。果皮橙红色。果肉绿白色,质地致密,较脆,汁液中多,含可溶性固形物30%。果实可食率为97.3%。适宜鲜食、制干和加工,品质上等。制干率为50%左

图 12　灰　枣

右。干枣果肉致密，有弹性，受压后能复原，耐贮运。果实于 9 月中旬成熟。

树体中大，树姿开张，树冠自然圆头形。适土性强。结果较早，丰产稳产。果实较大，品质优良，可食率高。用途广泛，为制干、鲜食、加工兼用优良品种。惟成熟期遇雨易裂果，易感缩果病。适于在成熟期少雨的地区栽培发展。

3. 板枣　主要分布于山西省稷山，占当地枣树栽培总数 90%以上。襄汾也有少量栽培。据《稷山县志》记载，该品种系明朝由山东引入，栽培历史约 400 余年。因果形侧面较扁，而当地方言“扁”字发音为“板”，故得名为“板枣”。

果实中等大，扁倒卵形（图 13），平均单果重 11.2 克，大小较整齐。果面不很平整，果皮紫褐或紫黑色，中厚，赋有光泽。很少裂果。果肉厚，绿白色，质地致密，稍脆，汁液中多，甜味浓。稍具苦味。含糖 33.7%，酸 0.36%，维生素 C 499.7 毫克/100 克。可食率为 96.3%。品质上等，适宜制干、鲜食和加工醉枣。制干率为 57%。核小，核内多无种子。果实于 9 月上旬开始着色，9 月中下旬完熟。

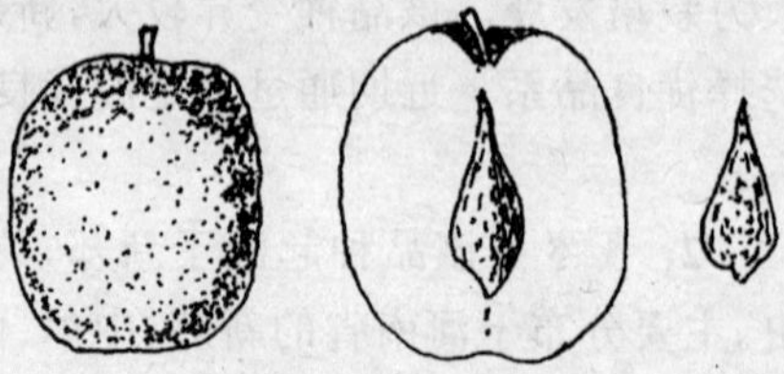

图 13　板　枣

树体较高大，干性弱，树姿开张，树冠自然圆头形。枝条较密。对气候适应力较强，在山西、山东、河南和河北等地，均表现良好。但对土壤肥水条件要求高。结果早，产量较高且稳定，适宜在北方土质肥沃地区作主栽品种发展。

4. 骏枣 原产于山西省交城，为当地主栽品种之一。果实大，柱形（图 14），大小不匀，平均单果重 22.9 克。果皮薄，深红色，果面平滑。果肉厚，肉质细而松脆，汁较多，味甜，品质上等，鲜食、制干、加工蜜枣、酒枣兼用。鲜枣含可溶性固形物 33.0%，酸 0.45%，维生素 C 432.0 毫克/100 克，可食率为 96.3%。核小。果实在产地于 9 月中旬成熟。

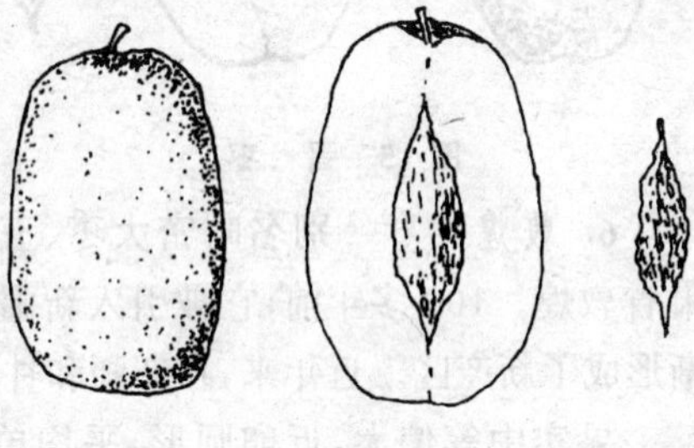

图 14 骏 枣

树势强健，树体高大，枝条粗壮，干性较强，树姿半开张。适应性强，抗旱，抗盐碱，抗枣疯病。结果早，较丰产，是山西省近年来重点推广的枣品种之一。枣果成熟期遇雨后裂果严重。适宜在北方秋雨少的地区栽培发展。

5. 晋枣 分布于陕西省彬县和长武，甘肃省泾州和正宁等地，为当地主栽品种。

果实大，长卵形或柱形（图 15），平均果重 21.6 克，大小不均匀。果皮薄，深红色，果面欠平滑。果肉厚，白绿或乳白色，肉质致密酥脆，甜味浓，汁较多，品质上等，适宜鲜食、制干和蜜枣加工。鲜枣含可溶性固形物 30.0%～35.0%，酸 0.21%，维生素 C 390.0 毫克/100 克。可食率为 97.8%。其干枣含糖 68.7%～78.4%。核小，含仁率低。在产地，果实于 9 月底至 10 月初成熟。

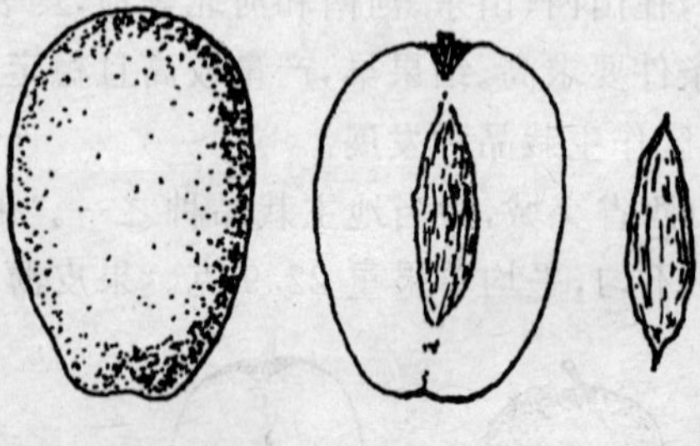

图15　晋　枣

树势强，树体高大，干性强，树姿直立。树冠呈圆锥形。适应性较强，结果较早，较丰产，适宜采用计划密植模式栽植。果实成熟期遇雨易裂果，适宜在北方干旱地区栽培发展。

6. 敦煌大枣　别名哈密大枣、五堡大枣。主要分布于甘肃省敦煌。100多年前，它被引入新疆哈密市，在该市五堡乡逐渐形成了新产区。近年来，在新疆和甘肃等地得到大量推广。

果实中等偏大，近卵圆形，平均单果重14.7克，大小不整齐。果面不平，有小块起伏。果皮较厚，紫红色。果肉浅绿色，肉质致密，较硬，汁液少，味酸甜，稍有苦味。含糖20%，酸0.64%，维生素C 404.2毫克/100克，制干率在47%以上。鲜食、制干品质均属中上等。鲜枣贮藏性好，在室内自然状况下可存放10天左右。果核较大，核内无种子。果实于9月上旬成熟。

树体较高大，发枝力强，干性也较强，树姿半开张，外围枝下垂，树冠为自然圆头形或半圆形。适应性强，抗寒，耐旱，抗病虫。结果早，丰产稳产。成熟期不抗风，易落果。为甘肃省河西走廊地区和新疆维吾尔自治区东部优良的鲜食制干兼用品种，可作大面积生产栽培。

7. 鸣山大枣　原产于甘肃省敦煌鸣山，为敦煌大枣优变株系。1979年被发现，1983年被命名。

果实大，长圆形，平均单果重23.9克，大小不均匀。果皮厚，紫红色，果面平滑，赋有光泽。果肉厚，绿白色，质地致密细脆，味甜汁多，品质上等，适宜制干、鲜食和加工。鲜枣含糖31.0%，酸0.54%，维生素C 396.2毫克/100克。可食率为96.2%，制干率为52.0%。核较小，无种仁。在产地果实于9月下旬成熟。

树势较强，树体较大，枝条中密，树姿开张。适应性强，结果较早，产量较高。适宜在北方地区栽培发展。

8. 泗洪大枣 原产于江苏省泗洪县上塘镇。早在明朝洪武初年，泗洪大枣就被选为稀世贡品。1982年果树资源普查时被再次发现。1985年，由江苏省泗洪县五里江国营农场果树良种场推出。1995年，该品种通过江苏省农作物品种审定委员会审定。

果实特大，平均单果重30克以上，最大果重107克。果实为卵圆形、近圆形或长圆形，果面稍有棱。果皮中厚，紫红色，果点小而稀。果肉浅绿色，肉质酥脆，汁多味甜。含可溶性固形物30%～36%，品质上等。适宜生食，又可加工蜜枣、枣脯、蜜饯和罐头等。果实一般于9月中下旬成熟。

树势强健，树姿开张，发枝力强。幼树树冠为圆锥形，成龄树树冠为圆形。适应性强，抗旱，耐涝，抗风，耐盐碱，尤其抗枣疯病。结果早，丰产稳产，不裂果。泗洪大枣作为鲜食加工兼用品种，在南方地区很有发展前途。

思考题

1. 北方主要的制干枣品种有哪些？各有什么特点？

2. 目前生产中推广的鲜食枣品种有哪些？各有什么特点？

3. 我国各枣区主栽的兼用枣品种有哪些？

第三章　建　园

一、园地选择和规划

(一)园地的选择

果树生长周期长,园地选择十分重要,关系着栽培的成功与否和经济效益的高低,因此要慎之又慎。在进行枣园地点的选择时,应重点考虑以下几方面:

1. 枣树及其品种对环境条件的要求　建园地点的环境条件,要符合枣树及其所栽品种自身的要求。建立枣园前,应对当地的气象、土壤、降水量、光照和自然灾害情况,以及当地枣树的生长发育情况,进行调查研究,以便做到适地适栽。一般在枣树适宜栽培区栽植,应主要考察所栽枣树品种在当地的适应性;在枣树栽培的次适宜区或不适宜区,要想发展枣树,应主要考虑园地所处环境,是否能满足枣树生长发育的基本条件,在小环境、小气候适宜的条件下也可建园。枣树是喜温树种,其生长发育要求较高的温度。春季日平均气温达13℃～14℃时,芽开始萌动;抽梢和花芽分化需要18℃以上的温度;日平均温度在20℃左右时,进入始花期,温度在22℃～25℃时,进入盛花期。果实生长期要求有24℃～25℃以上的温度,积温为2 430℃～2 480℃。如果积温不足,则产量低,果实不能完全成熟,品质降低。北方干寒地区建园尤其要考虑当地气温是否能够满足枣树生长发育的需要。

枣树对水分多少的适应性较强。年降水量在1 000毫米以上的南方和年降水量不足20毫米的新疆吐鲁番，均有枣树栽培。但枣树在生育期内对水分条件也还是有一定的要求。花期干旱、空气湿度过低，会严重影响坐果；果实发育期持续干旱，会导致果实明显变小；果实发育后期至成熟期多雨，会影响果实发育，并且易引起裂果和烂果而减产。因此，建园时应充分考虑水分因素对枣树的影响。

枣树喜光，光照强度及其时间的长短，直接影响光合作用，从而影响枣树的生长和结果。因此，园地一定要选择在光照充足的地方。山地丘陵地，应避免在阴坡或半阴坡建枣园。

枣树在休眠期抗风力较强，在风蚀沙区埋干或露根的枣树，均能正常生长。但花期风沙大，既影响枣园湿度，又影响传粉昆虫的活动，会使花朵授粉受精不良，从而导致落花落果；在果实成熟前遇到大风，也常导致熟前落果而减产。所以，要尽量避免在风区或风口处建园。

枣树对土壤适应性强，无论是在砂壤土、壤土中，还是在黏壤土中，均可生长。枣树对土壤pH值的适应性也广，土壤pH值在5.5～8.5的范围内，枣树都可生长。地势对枣树的生长发育有一定的影响。虽然低洼盐碱地和山丘地，枣树均能生长，高山地区也能栽培，但是北方枣区有些品种，如婆枣，当海拔高度超过600米时，其产量低，品质差，且果实大小极不整齐。另外，坡度过大，也不利于枣树管理和枣果的采收与运输，建园时应予以考虑。

品种不同的枣树，对温度的要求也有所不同。如金丝小枣和婆枣等品种，日平均温度达22℃～23℃时，即进入盛花期，而圆铃枣开花就需25℃的温度。一般枣树花粉发芽的适温为24℃～30℃，温度过高或过低，对其花粉发芽均不利。品种间的花粉发芽温度也有一定的差异，如婆枣花粉发芽要求温度较低，而圆铃枣花粉发芽则要求温度较高。不同枣树品种对土壤的适应性也不尽相同。如金丝小枣要求土质较肥沃的黏壤土和壤土，而婆枣和赞皇大枣则可在相对瘠薄的山地丘陵发展。

2. 社会基础条件 包括生产资料等物质条件、技术条件、交通条件、贮藏条件及市场环境条件等。这是商品经济条件下必须考虑的内容之一。建园地点的社会基础条件越好，栽培的成功率就越高，效益就越好。因为有些枣树品种对社会基础条件要求十分苛刻，例如目前正在大力推广的鲜食品种，不但要求集约化管理的条件，而且贮藏、交通与市场环境等条件也都要具备。

3. 无环境污染 现代市场要求枣果生产必须以无公害和绿色枣果产品为目标，因此枣树建园要求在无环境污染的地方。工业废气及污水中含有多种有害物质，如氟、氯、汞、砷、酸与碱等，会直接对枣树产生不良影响，不但使枣树生长发育不良，而且会使枣树受到污染，而对果实一旦造成毒害，人们食后就会直接危害身体健康。因此，有造纸厂、化工厂、砖窑、石灰厂和水泥厂等污染严重的地方，其周围不适宜建立枣园。

(二)园地的规划

园地规划的内容，主要包括作业区的划分、道路及排灌系统的安排、防护林及枣园建筑物的规划等。一般来说，越是大型枣园，园地的规划越显得重要。只要是连片规模栽培枣树，都必须在枣树栽植之前做好园地的规划。

1. 作业区的划分 为了便于枣树的管理，一般枣园要划分作业区。

(1)作业区的划分依据 作业区应依据以下几点进行划分：首先，在同一作业区内土壤及气候条件应基本一致，以保证作业区内农业技术的一致性；其次，能减少或防止枣园的水土流失；再次，能减少或防止枣园的风害；另外，还要有利于运输及枣园的机械化管理。

(2)作业区的面积　平地类型在土壤气候条件基本一致的情况下，作业区面积一般为 6.67～10.0 公顷；土壤气候条件不太一致的情况下，作业区面积为 3.33～6.67 公顷。丘陵、山地类型作业区，面积一般在 1.0～2.0 公顷；低洼盐碱地枣园作业区，以台田为单位划分作业区。

(3)作业区的形状及位置　作业区一般多采用 2∶1～5∶1的长方形。平地类型作业区的长边，应与有害风方向垂直，枣树的行向与作业区的长边一致。山地丘陵类型作业区的长边，应与等高线平等，作业区不一定规整。

2. 道路的规划　在规划枣园各级道路时，应统筹考虑与作业区、防护林、排灌系统、输电线路及机械行走的相互配合。

(1)道路的分级　中、大型枣园，道路的规划一般分为三级，即主路(干路)、支路和小路。小型枣园一般分为两级或一级，只设主路和支路。一般视 10 公顷以上的枣园为大型枣园，3 公顷以上的枣园为中型枣园。

(2)道路的规格　主路一般宽 6～7 米，以并排行驶两辆卡车为宜；支路宽 4 米左右，并与主路垂直，路面以能并排通过两部动力作业机为宜；小路宽 1～2 米，为人行作业道。

(3)道路的布置　平地枣园的主路，可设在两作业区中间；单一作业区的枣园，主路可设在北侧防护林的南面一侧，或南侧防护林的北面一侧，以减少防护林对枣树的影响。也可依据枣园的实际地理位置确定主路的位置。支路一般与主路垂直，支路的多少依枣园面积大小而决定。小路主要依据作业实际需求来设定。

山地枣园的道路，主要根据地形布置。顺坡路应选坡度较缓处，根据地形特点，迂回盘绕地修筑。横向道路应沿等高线，按3%～5%的比降，路面内斜2°～3°角的技术要求进行修筑，并在路面内侧修筑排水沟。支路应尽量等高通过果树行间，并选在小区边缘和山坡两侧沟旁，与防护林结合为宜。修筑梯田式果园，可以利用梯田边埂作为人行小路。丘陵地果园的顺坡主路和支路，应尽量选在分水岭上。

3. 灌溉系统的规划 枣园灌溉系统的规划，要依据灌溉方式而定。常用的灌溉方式有地面灌溉、地下灌溉、喷灌和滴灌。具体采用哪种方式，要根据实际情况，如水源、经济状况等而定。

(1)**地面灌溉系统的规划** 枣树地面灌溉的方式，有分区灌水(漫灌)、树盘灌水和沟灌等。地面灌溉的优点是，简单易行，投资少；缺点是，浪费水资源，灌溉后土壤易板结，占用一定的劳动力，不利于枣园的机械化作业。灌溉水源多来自井水、渠水和河水等。

地面灌溉系统，是把水从水源引入枣园地面。主要由干渠、支渠和园内灌水沟三级组成。干渠将水从水源处引入果园，纵贯全园。支渠把水从干渠引入作业区。灌水沟将支渠的水引至枣树行间，用来灌溉树盘。

各级渠道的布置，应充分考虑枣园的地形情况和水源位置，结合道路和防护林的规划情况进行设计。在满足灌溉条件的前提下，各级渠道应相互垂直，尽量缩短渠道的长度，以节约资源，减少水的渗漏和蒸发。

干渠应尽量布置在枣园最高地带。在平地枣园，干渠可随区间主路设计；在坡地枣园，可把干渠建在坡面上方。支渠可布置在支路的一侧。

干渠纵坡比降的设计，当水源泥沙大时，取 1/2 000～1/5 000的标准；无泥沙时，取低于 1/5 000 的标准。渠道采取半挖半填形式。其边坡系数(横距：竖距)，黏土渠道取 1～1.25；砂砾石渠道取 1.25～1.5；砂壤土渠道取 1.5～1.75；砂土渠道取 1.75～2.25。

(2)喷灌系统的规划 根据我国的国情，实施枣园喷灌，主要采取半固定式喷灌系统。

半固定式喷灌系统是喷灌的一种。另外，还有固定式喷灌系统和移动式喷灌系统。移动式喷灌系统，劳动强度大，道路、渠道占用多；而固定式灌溉系统，设备利用率低，单位面积投资大。半固定式喷灌系统，由于支管可以轮流使用，因而提高了设备的利用率，降低了灌溉系统投资，其缺点是劳动强度较大。

进行喷灌系统规划前，首先要做好地形、气象、土壤资料的调查。以确定田块高程、水源水位、布管方向和灌水强度等。

布置管道系统时，应根据实际情况提出若干布置方案，然后进行技术比较，择优选定。布置管道一般应遵循以下原则：一是干管应沿主坡方向布置，在地形较平坦的地区，支管应与干管垂直，并尽量沿等高线方向布置。二是平坦地区支管的布置应尽量与枣树行向垂直，二级支管作为移动支管，一般与主风向垂直，沿行向移动喷灌。三是水泵站最好设在整个喷灌系统的中心，每根一级支管上都应设有阀门。

(3)滴灌系统的规划 滴灌具有节水量大、自动化程度高的特点，是我国未来推广的重要节水灌溉技术之一。滴灌系统的规划布置，主要是水源位置、干管、支管和毛管三级管道及滴头的规划和布置。

平原枣园，水源多为机井，和喷灌、地面灌溉一样，机井、泵站最好设在灌区中心。丘陵山区枣园，应尽可能在滴灌区上部修蓄水池，这样可以实现自压滴灌而节省能源。

干、支、毛管的规划布置，基本同喷灌系统一样。一级管道双向控制支管，支管垂直于干管，毛管沿树行布设，滴头设在树盘或两树中间，以节省开支。毛管，也可移动布设。

4. 排水系统的规划 排水系统由小区集水沟、作业区内的排水支沟和排水沟组成。集水沟的作用，是将小区内的积水或地下水，排放到支沟中去。排水支沟的作用，是承接集水沟排放的水，再将其排入排水干沟中。排水沟的作用，是把枣园内的积水通过支沟汇集后，排放到枣园以外的河、渠之中。必要时排水口可设扬水站。对平原枣园，排水系统尤为重要。

各级排水沟的纵坡比降设计标准为：干沟 1/3 000～1/10 000，支沟 1/1 000～1/3 000，集水沟 1/300～1/1 000。各级排水沟互相垂直，相交处应与水流方向成钝角（120°～135°）相交，以便出水。排水沟最好用暗沟。

在平地枣园，排水沟一般可布设在干、支路的一侧。山地和丘陵枣园，排水系统主要由梯田内侧的竹节沟、栽植小区之间的排水沟以及拦截山洪的环山沟、蓄水池或水塘等组成。山地丘陵排水沟的布设要因地制宜。

5. 防护林的规划 防护林对枣园十分重要，它可以调节枣园的温、湿度，减少灾害，保护枣树，还能保持枣园的水土。

（1）林带的结构 一般可选择稀疏透风林带，疏透度为35％～50％。

（2）防护林的配置 大型枣园的防护林，应设主林带和副林带。主林带的方向与主要害风方向垂直。林带的宽度与长度，应与当地最大风速相适应，一般占地面积为 2％左右。林带在枣园北面时，距果树不近于 15～20 米，在枣园南面时，不近于20～30米，以减小林带对枣树的胁迫作用。

林带树种的选择，要选对当地的环境条件有较强的适应性，树体高大，生长迅速，树冠紧密且直立，与枣树无共同病虫害的树种。常用的树种，有杨、泡桐、旱柳、椿、合欢和苦楝等。

6. 建筑物的规划 枣园建筑物包括办公室、工具室、农药及化肥仓库、配药场、枣果包装车间及贮藏库、车库及机械设备库等。这些建筑物一般都应设立在交通方便的地方。在2～3个作业区中间，要设立休息室及工具库。山区应遵循物资运输由上而下的原则，配药场应设在较高的部位，包装场及枣贮藏库则应设在较低的位置。

总之，枣园各部分的规划，要合理布局，原则上应尽量减少非生产用地。一般栽植区面积应不少于85%，防护林占地1%～5%，道路沟渠占地6%～8%，其他占地为1%～1.5%。

二、土壤改良和整地

枣树对土壤的适应能力很强，但要获得优质、丰产和稳产，则通常需要砂壤—黏壤土、土层深50厘米以上、pH值5.5～8.5、氯化物盐类低于0.1%和总盐量低于0.3%的土壤条件。在山区、丘陵、沙荒地、盐碱地或旱薄地上建设枣园时，应先进行土壤改良和整地。

（一）瘠薄山地、丘陵枣园的土壤改良和整地

山区丘陵枣园土壤的特点是，土层薄，有机质含量少，植被稀，水土流失严重。这些地区的枣园土壤改良，应以兴修水土保持工程、增厚土层和防止土壤冲刷为主。山区丘陵枣园，必须修建水平梯田或隔坡水平沟，至少要修建鱼鳞坑。在石质地山区，则宜先行炮震松土，然后整成水平沟。

山沟筑坝整修梯田时，应做到“外撅嘴、里流水”，并常年整修加高坝埂，使之保持高出梯田面20～30厘米，以便拦蓄山坡上流下来的土壤和牲畜粪、杂草等有机质，达到保土、扩土、蓄水和保肥的目的。坡地上零星栽植的枣树，可以修成鱼鳞坑蓄水保土，增加活土层。应使枣树位于鱼鳞坑的近中央位置，而不能位于鱼鳞坑的下边埂上。

1. 片麻岩类型山地爆破整地 基质为片麻岩的山地丘陵，土质结构较松软，岩石风化与半风化的酥石层较厚，一般有50厘米左右。土壤多为褐土，土层薄，有时只有10～20厘米厚，多砾质。因此，在发展枣树时，要经过细致的整地和土壤改良，才能保证枣树生产的高产和优质。

(1)*爆破整地的材料* 主要有雷管、导火线和硝铵炸药。硝铵炸药原料配比为：硝铵50千克，柴油2千克，锯末2.5千克。制药时，先将锯末炒干，使之呈黄褐色，再将碾碎的硝铵炒至白亮色，松散状。把炒好的硝铵、锯末与柴油，按比例混合。切忌将三种原料放在一起炒制。

(2)*爆破方法* 爆破前先按坡度大小清理坡面。然后按整地规格的要求，对坡度角小于15°的坡地，可按修筑梯田设计，间隔坡5～6米，清出一条宽2米的水平表土带。对坡度角为20°左右的坡地，可按修筑水平沟设计，间隔坡4～5米，水平间距1米，清出0.6～0.9米的水平表土带。坡度角大于25°的坡面，可采取鱼鳞坑和大穴方式整地，距离为3米×3米，清除1～1.4米的表土，把表土放在坡上部备用。

然后，在露出的岩石上，用钢钎打出直径为10厘米、深80～100厘米的炮眼，每眼装药0.75～1.25千克，将接好导火线的雷管插入炸药，用潮土堵塞炮眼，土厚40厘米左右，捣实。填土厚度若小于30厘米，容易造成“冲天炮”。进行梯田整地，炮眼间隔为2.5米。

爆破后，把大石块砌在梯田、水平沟和鱼鳞坑外沿，细碎母质留在下层，再回填表土。

2. 石灰岩类型山地、丘陵地水土保持和土壤改良

（1）水平梯田　水平梯田一般规划在坡度在25°以下的坡耕地上。在坡耕地上，沿等高线修成田面水平或向内侧微倾的台阶地，并在其边缘修筑一道蓄水田埂，内侧修一条小水沟，便成为梯田。规划时，要根据地形、坡度和土质等具体情况，以方便耕作、节省用工、保证田坎安全为原则，上下左右兼顾，采取大弯就势、小弯取直的方法，尽量开成集中成片的梯田。长形岭可以规划成长条形梯田，圆形岭可以规划成环山梯田，岗洼起伏地形可规划成"人"字形梯田。栽植枣树的梯田，一般应建在海拔500米以下的地方；山顶宜营造防护林，而不宜修成梯田。

其中田面宽、田坎高和田坎侧坡，是水平梯田的三个主要要素。一般坡度角为5°的坡面，田面宽10～25米；坡度角为10°的坡面，田面宽5～15米；坡度角为15°的坡面，田面宽5～10米；坡度角为20°～25°的坡面，田面宽3～6米。

田坎高度随田面宽度和地面坡度不同而异。田坎越高，则侧坡占地越多，用工也越多，且不稳固。所以，田坎高度宜控制在3.5米以下。

田坎侧坡的坡度大小，与所用材料和高度有关。用石料砌筑，坡度角可以大于75°，大块石料可砌成坡度角为90°田坎侧坡，以节省土地。土料砌筑，坡度角一般在70°左右。

蓄水田埂设计，以能抵御5～10年一遇的最大1小时降雨为指标，埂高及埂顶宽均为20～30厘米。

梯田长度，为便于田间操作和使用农机具，最好不小于

20 米。对于破碎的地形和两块地中间的沟壑等，要尽量填平，以增加梯田的长度。

竹节沟，是修筑在梯田内侧的小沟，底宽一般为 30～40 厘米厚，沟深 35 厘米左右，沟内每隔 5～6 米修筑一条长约 1 米的名为“拦水竹节”的土埂，以起缓冲作用。竹节的高度，宜低于梯田面 10 厘米左右。竹节沟应与总排水沟相通。

修筑梯田时，先根据梯田规划，测出地面坡度，确定田面宽度，进行定线，然后清基。清基时，先沿定好的梯坎线，清除浮土或风化壳，以清到底土、硬底层或岩石层为准。若未见硬底层，则要清到下一阶梯田田面以下 20～30 厘米。基槽宽为坎高的 1/2 左右，槽底要铲平略向内倾斜，填土 3～7 厘米厚，然后夯实。砌筑田坎应就地取材。砌石坎时，一般大石在下，小石在上；大石压顶，碎石填缝；条石平放，块石压茬；卵石成“品”字形，片石斜插。从而使石缝错开，嵌实咬紧，不能用土垫底。每砌一层，按设计侧坡向内收缩。如此分层砌筑，直到高出田面20～30 厘米为止。夯筑土坎，要掌握土料水分适宜，每填一层土，要随即夯实，并将侧坡打紧。

平整田面，应与砌筑田坎同时进行。田面平整的方法，有逐台下翻法、顺坡开沟法和中间堆土法三种。田面平整后，在梯田内侧修筑竹节沟，用来蓄水和排水。

为防止山坡径流冲刷枣园，还要在枣园上方沿等高线开挖拦水沟，一般沟深 1 米，宽 1.3～1.5 米。开挖时，要将沟内土翻到沟的外侧，培成土墙，外坡用石坡垒砌加固。沟底宜稍向内侧倾斜，沿排水方向保持小于 3‰的比降。

(2)撩壕　撩壕，是在坡地上沿等高线挖掘横向的浅沟，在沟的下沿堆土成垄，把枣树栽于壕的外侧。撩壕适于坡度角在 10°以下的缓坡面上修筑。在撩壕之前，先测出等高点，以等高线为中线，按撩壕规格把土挖出，放于沟的下侧即可。

撩壕的距离一般等于枣园的设计行距，沟的比降可在3‰左右。沟宽一般为 50～100 厘米。

(3)鱼鳞坑　在坡面较陡或支离破碎的沟坡上，可修筑鱼鳞坑。按三角形选点布置，挖成半圆形的土坑，在其下沿修筑半圆形的土埂，埂高 30 厘米左右。在坑的左右角上，各开一条斜沟，以便引蓄雨水。

鱼鳞坑规格一般为坑深 0.8～1.0 米，长约 1.6 米，中央宽 1.0 米。

3. 黄土高原丘陵区及南方丘陵枣园的水土保持及整地　一般也可以仿照北方山地、丘陵的水土保持方法，修筑梯田、撩壕及鱼鳞坑等。近年来，多采用隔坡水平沟的方式，进行水土保持和整地。

(二)沙荒地枣园的土壤改良

枣树虽然是治沙先锋树种，但建在河滩、沙岗等沙荒地上的枣园，常因风蚀流沙严重，土壤缺乏有机质，保水保肥能力差等，而导致树势衰弱，产量低而不稳。因此，改良土壤，培肥地力，是沙荒地枣园重要的工作之一。

1. 深翻改良　适用于有底沙土，即沙荒地在沙层以下有黄土层或黏土层的地段。对这类沙地，可以通过深翻，把底层的黄土或黏土翻上来与表层沙土混合，达到改良土壤的目的。

深翻分两步进行。第一步进行“大翻”，把沙层以下的黄土或黏土，通过挖沟，翻到土壤表层。第二步进行“小翻”，即等翻到表层的土壤充分风化后，将其与沙子充分混合。一般深翻过程要持续 2～3 年。

2. 压土改良　适用于在沙层下部无土层的沙荒地。一般多采用以土压沙和增施有机肥相结合的方法。即压土 5～10

厘米厚，同时施入大量农家肥，然后进行翻耕，使土、肥与沙充分混合。

3. 枣粮间作 在枣树行间种植豆类或绿肥作物，可增强土壤固氮能力，改良土壤。

此外，通过营造防风林和采用引洪放淤的方法，也可起到改良沙荒地的作用。

（三）盐碱地枣园的土壤改良和整地

枣树是较耐盐碱的树种之一。但在盐渍化土壤上，由于土壤溶液浓度高，渗透压大，使枣树根系吸水困难，易造成生理干旱；同时，由于盐分对枣树的直接危害，使枣树生长发育不良，产量低，品质差。改良盐碱地，要根据当地自然条件和盐碱土种类及盐碱化程度，制定相应的措施。目前，由于地下水位下降严重，盐碱危害相对较轻，为防止盐碱危害，可适度对盐碱地进行改良。改良盐碱地的方法如下：

1. 修筑沟洫台田或沟洫条田 所谓沟洫田和沟洫台田，即在土地四周开挖沟洫，用挖出的土垫高中间地面，并用土埂把田面围起来。地面不垫高或垫高不多的称作畦田；地面垫高较多，沟洫较大的称作台田。

畦田宽度，一般沙土地为50～100米，黏土或涝碱严重地块，可将其缩小至30米。布置时，长边宜平行于地形等高线，沟深一般为1.0～1.5米，沟底宽一般多为0.5～1.0米。边坡长度，黏土质地为1米，沙土质地为1.5～2.0米。

台田宽度一般10～20米。沟深、底宽及上口宽度，依据台田垫土高度而定。

2. 利用农业技术改良 深施有机肥，营造防护林、降低风速、减少地面蒸发，种植绿肥，实施地面覆盖，以及中耕除草，均可以缓冲盐碱危害程度，并逐渐达到改良土壤的目的。

(1)深施有机肥　有机肥料除含有枣树所需要的营养物质外，还含有机酸，对碱地有中和作用。同时，有机质还可改良土壤的理化性状，促进团粒结构的形成，提高土壤肥力，减少蒸发，防止返碱。

(2)中耕除草　灌水或下雨后，特别是在返盐季节，要及时中耕除草，切断土壤毛细管，减少土壤蒸发，防止土壤盐分上升。

(3)种植绿肥作物　种植绿肥作物，可增加土壤有机质，同时可覆盖地面，减少地面蒸发，抑制盐碱上升。

(4)其他措施　地面铺沙，或覆盖杂草或其他物质，也可减少地面蒸发，防止盐碱上升。此外，近年来不少国家运用土壤结构改良剂，改善土壤理化性质及生物活性，能保护耕作层，防止水土流失，提高土壤的透水性，减少地表径流，固定流沙，加固渠壁，防止渗漏，起到调节土壤酸碱度的作用。进行滴灌，也可以起到洗盐的作用。

(四)红壤地枣园的土壤改良和整地

我国长江以南地区广泛分布红壤。由于南方高温多湿，有机质分解快且易淋溶流失，铁、铝等元素相对积聚，土壤呈酸性反应，使有效磷的活性降低。另一方面，由于风化作用强烈，造成土粒细、土壤结构不良。水分过多时，土壤吸水成糊状；干旱时，土壤坚硬。改良红壤主要有以下措施：

1. 水土保持　红壤结构不良，水稳性差，抗冲刷能力弱。在红壤坡地，应修好梯田、撩壕等水土保持工程。

2. 增施有机肥及种植绿肥作物　这是改善红壤结构，提高红壤有机质含量的主要措施。有机肥以厩肥为主。绿肥作物，可种植肥田萝卜、豌豆、紫云英、苕子、紫穗槐、黄花苜蓿、猪屎豆和胡枝子等。热带地区可种植毛蔓豆、蝴蝶豆及葛藤等多年生绿肥作物。

3. 施用磷肥或石灰 这主要是改变红壤中缺磷的状况，中和红壤的酸度，改善土壤理化性状，增强有益微生物的活动，促进有机质分解，增加土壤中速效养分的含量。在红壤上，各种磷肥都可施用，但目前多使用微碱性的钙镁磷肥。施用方法是，集中施在定植穴内，促进生根。石灰用量为每公顷750～1125千克。红壤施磷肥时，如配合施用氮肥，则不仅能补充红壤本身所缺的氮素，而且可以增强磷肥的使用效果。

三、品种选择

产业发展是一个必须慎重的问题，枣树栽培同样不能盲目。在品种的选择和搭配上，要做到在广泛调查的基础上，因地制宜，合理栽培。

（一）品种选择的原则

1. 市场需求 要对市场进行深入细致的调查研究，把握市场需求什么样的品种，需求量有多大，发展潜力和市场走向如何的信息，从而有的放矢地确定发展规模和适宜发展的品种，做到适销对路。

2. 适地适栽 由于各品种对环境条件的适应性不同，因此在品种的选择上，一定要考虑品种对当地环境条件的适应能力，要有引种的试验数据或有品种的详细资料做依据，真正做到适地适栽。

3. 品种优良 品种优良化，是指选择市场需求的丰产优质品种，并且具有较强的适应性和抗病虫能力。

4. 多样化与规模化有机统一 多样化，是指在品种的物候期选择和果型、风味、用途等方面的选择，要多样化，以减少品种单一的风险。同时，所选品种又不能太多太杂。进行品种选择，要做到品种合理搭配，数量和规模协调统一。

（二）品种的配置

1. 主栽品种数量 主栽品种的数量，一般不宜超过三个。应选果形好、品质优良、早果丰产和适性强的品种。鲜食品种还要求耐贮性能良好。

2. 不同用途品种的搭配 枣树品种多种多样，要根据当地市场、环境和资源优势等情况，确定品种的组合。山地丘陵干旱枣区，一般以选制干品种、蜜枣品种和兼用品种为主；城郊、工矿区附近的枣区，可以以选鲜食品种为主。

3. 不同成熟期品种的搭配 一般枣园，尤其是以栽培鲜食品种为主的枣园，主栽品种间最好能在成熟期上错开，使早、中、晚熟品种有一适当的比例。这样，可以延长鲜枣的供应期。耐贮性好的晚熟品种，可以适当多发展一些。

4. 授粉品种的搭配 一般情况下，枣树不通过授粉受精也可形成果实。但是，实践证明，搭配授粉树更有利于提高枣树的坐果率。配置授粉树时，应注意花粉的亲和力，选择适宜的授粉组合，同时注意选择花粉发芽率高的品种。如婆枣与斑枣、金丝小枣和绵枣、义乌大枣和马枣等品种组合，已在生产上广为应用。

四、苗木的选择、贮运和假植

（一）苗木的质量要求

苗木质量对枣树进入结果期的早晚影响很大。目前，枣树生产用苗木多为嫁接苗，在苗木的选择上，一定要把好检疫、检测质量关。检疫的目的，主要是杜绝检疫性病虫害的扩散。

苗木质量检测，包括苗木的等级和数量，茎、干、根的生长情况，嫁接苗接口愈合程度，以及品种纯度等。枣树苗木的质量要求如下：

1. 无检疫性病虫害 枣树检疫病虫害种类，各地标准不一，主要有枣疯病、枣粉蚧和樗蚕等。苗木一定不能有枣疯病症状，否则将会给新枣园带来毁灭性灾害。

2. 苗木规格 目前，嫁接苗还没有国家标准。优质苗木的形态指标是：茎干通直，枝条生长充实，根系完整，苗木高度在 1 米以上，基径大于 1 厘米，苗木接口愈合良好，茎干无明显的机械伤。

（二）苗木的出圃

苗木出圃时间，一般在苗木完全落叶后至土壤结冻前，或第二年春天 3 月中下旬至 4 月上旬。

起苗前 1 周灌水，使土壤松软，以利于起苗时少伤根系。起苗时，要深挖 25 厘米，铲断主根，尽量保全侧根，少伤或免伤根皮。起苗后，剪除二次枝，主干保留 80 厘米左右后剪除上部枝梢，然后按地径和根系状况分级放置，每捆 50 株或 100 株。

（三）苗木的包装和运输

苗木出圃、质检后，要尽快进行包装，使枣苗保持新鲜状态，以提高栽植成活率。包装前根系都要蘸泥浆，运出的苗木要成捆用塑料布包严。不能马上栽植和运输的，要立即假植。

（四）苗木的假植

假植的目的是保持苗木根系和茎干的水分。因为苗木失水，是影响栽植成活率的主要因素之一。假植沟深 25～30 厘米，宽 1 米，长度依枣苗多少而定。假植时，把枣苗成排斜放沟中，根部和苗茎的 2/3 用细土填严，浇透水，使土与苗根密接，防止苗木干枯。

五、规范化栽植

(一)栽植密度和栽植方式

1. 栽植密度的确定 合理密植，是实现枣树优质高效栽培的有效保证。密度的确定，要依据园地地形、地势、土壤条件、耕作条件以及管理水平，来全面考虑。同时，还要考虑栽培品种的生长势等因素。

在北方平原地区管理水平较高的条件下，枣树栽植密度一般为：生长势强的品种株距 3 米，行距 4 米；生长势中等的品种，株距 2～3 米，行距 3～4 米；生长势弱的品种，株距 1～3 米，行距 2～3 米。一些早果品种，枣头结果能力极强，如临猗梨枣，树冠易于控制，栽培密度可以适当再大些。枣粮间作园，一般株距 3 米，行距 10～15 米。

山地和丘陵枣园，由于土壤肥力差，一般树势较弱。考虑其枣树栽植密度时，可以在平原地区栽植密度的基础上，略加大一些。南方枣区，由于气温高，雨量大，枣树栽植密度应当减小。

2. 栽植方式 山地丘陵枣园一般可采用三角形栽植或等高栽植，梯田枣园可采用长方形栽植，平原枣区多采用长方形栽植，枣粮间作园还可采用双行栽植方式。

(二)栽植时期

我国淮河、秦岭以南的地区，气候温暖，冬季土壤不封冻，从枣树落叶到第二年萌芽前的整个休眠季，都可以栽植。在淮河、秦岭以北，北纬 40°以南的地区，12 月份至第二年 2 月份，土壤封冻。因此，从 10 月下旬落叶到 11 月下旬土壤封冻前，以及3月上旬土壤解冻后到4月中旬枣树萌芽前，都可栽植。但这一地区晚秋干旱，栽植必须保证灌溉条件。在北纬40°以北地区，冬季干旱寒冷，晚秋栽植枣树易造成冻死，因此只宜春栽。

（三）苗木处理

随起苗随栽植的苗木，由于根系失水少，因此一般不需进行处理，也能保证较高的栽植成活率。经过远途运输的枣苗，枣树根系、枝干失水都较多，为提高栽植成活率，可以在栽植前对苗木用ABT生根药液进行浸根处理。

具体方法是：选用非金属容器，将1克ABT生根粉1号，溶解在90%～95%的工业酒精中，再加入0.5升水，配制成母液。然后，将母液放在大容器中，用20升水稀释后，就可使用了。每克生根粉可处理苗木1000～1500株。把苗木根部浸入ABT生根液中1小时，即可取出栽植。

（四）规范化栽植技术

1. 挖掘栽植穴或栽植沟 一般栽植穴深60～80厘米，宽、长各80～100厘米；栽植沟深60～80厘米，宽80～100厘米，长度依具体情况而定。

挖掘前，先用测绳测出栽植穴或沟的位置，做好标记，然后开挖。人工挖土时，表土要和心土分开放。也可用机械挖坑或沟，如旋坑机，每分钟可打坑1～3个。

2. 施入基肥 栽植穴或栽植沟挖完后，在其中施入基肥。基肥最好是施腐熟的圈肥。每667平方米施入量为4000～5000千克，同时加入化学氮肥和磷肥，每667平方米施入尿素10～20千克，过磷酸钙27.5～55.5千克。

如果有机肥料不足，可把玉米秆、高粱秆及杂草等有机物，用拖拉机等碾扁，然后一层秸秆一层土地填入栽植沟或栽植坑中，每层3～5厘米厚，并将速效肥料撒入每次填入的秸秆中，填到距地面25厘米左右时，上层再铺5厘米表土，经踩实或灌水沉实后，即可栽树。

3. 栽植要领 栽植沟、穴内的土要踩实。在栽树时，要将栽植穴、沟底部的土做成馒头形，以利于根系伸展。

栽植深度要适宜，一般以保持苗木在苗圃地的原有深度为准。枣树栽植过深，缓苗期长，并且生长不旺；过浅，则苗木容易干旱死亡，固地性也差。栽植深度也要因土质而宜。在砂壤土、沙滩地栽植时，可适当深一些，而黏土地则应较浅些。

栽植过程一定要保持根系舒展，分层填土，分层踩实，及时提苗，使根系与土密接。填土时，先填表土，后填心土，最后整平树盘。

（五）栽后管理

栽植完毕后，随即用水灌透，沉实土壤。水渗入后，及时修整树的营养带。营养带宽1米，上盖1平方米地膜，以提高地温，保持湿度。该措施对提高枣树的栽植成活率，加速生根和缓苗，具有重要意义。

栽植当年，枣树处于缓苗期，因此，有其特殊的管理方式。其主要目的是，加速生根，缩短缓苗期，促进幼树的生长。

1. 及时补充水分 及时检查枣园土壤的墒情。发现缺水，立即补给。土壤相对含水量，以保持在60%～70%为宜。

2. 除萌 枣树萌芽后，大部分是幼树主干上部芽体正常萌发形成枣头，但也有个别下部芽先萌发的，应及时检查。如上部芽萌发正常的，保留3～4个培养主枝，而将其余的全部抹除；若上部芽萌发不良，而下部芽生长健壮的，可及时截去上部的芽，保持一个下部健壮芽生长，以防形成双干。

3. 检查成活率及补栽 在树体大部分发芽完毕后，检查成活率，对未发芽的枣树分析原因，进行补救。秋后将未成活的树及时挖出，予以补栽。

4. 防治病虫 对第一年栽植的幼树，主要是做好对枣瘿蚊、绿盲蝽、红蜘蛛和枣锈病等病虫的防治工作，保证叶片健康生长。

5. 追肥 在枝条长到30厘米，新根已经长出并有了一定数量的分布时，可以追施以氮肥为主的速效肥料一次，每株施50克为宜，施肥量不宜过大。

6. 摘心 对当年生幼树，在枣头长到6～8个二次枝时，要及时摘心，以促使枣头、二次枝的加粗生长。这样，非常有利于第二年的整形修剪而且使栽植当年有足够的根系生长量。

7. 冬季防寒 栽植当年，在北方寒冷地区易出现冻害。因此，要在枣园周围建立防寒墙（用作物秸秆制成），或培月牙形土埂，进行防寒，也可涂白防寒。

思考题

1. 选择枣园园地应从哪几方面考虑？园地规划应包含哪些内容？

2. 如何做好北方山地丘陵枣园的水土保持和整地工作？

3. 如何进行枣品种的选择和配置？

4. 怎样才能提高枣树的栽植成活率？

第四章　丰产优质栽培

要使枣树优质丰产，除了要选择优良品种外，提高栽培管理水平是关键。目前，我国各枣区栽培水平并不一致。赞皇大枣、灰枣和金丝小枣等产区，管理水平普遍较高，而婆枣、木枣等山地、丘陵栽培的品种，集约化程度不够。鲜食枣近几年发展较快，其栽培技术代表了现代枣树生产的水平，应把它逐渐向老枣区推广。枣树管理，主要内容包括土肥水管理、整形修剪、花果管理、病虫害综合防治和其他管理。

一、土肥水管理

土肥水管理，是枣树优质丰产的基础。科学的土肥水管理，能促进根系的生长，提高根系对水分和养分的吸收、合成和运转能力，从而促进树体地上部的生长和结果，达到丰产优质的目的。

（一）土壤管理

1. 枣园土壤管理模式　枣园土壤管理模式，是指对枣树株间和行间的地表，进行管理的方法。合理的土壤管理模式，有利于维持良好的土壤养分和水分供给状态，促进土壤结构的团粒化和有机质含量的提高，防止土壤和水分的流失，保持适宜的土壤湿度。枣园土壤的管理方法如下：

（1）清耕法　即在枣园内，除枣树外，不种植任何其他作物，并利用人工除草的方法清除地表的杂草，保持土地表面的疏松和裸露状态的一种耕作方法。其优点是，可以改善土壤的通气性和透水性，促进土壤有机物的分解，增加土壤速效养分的含量；经常切断土壤毛细管，防止土壤水分蒸发；减少杂草对养分和水分的竞争。其缺点是长期清耕，会破坏土壤结构；使土壤有机质迅速分解而含量下降，导致土壤理化性状恶化；地表温度变化剧烈，加重水土和养分的流失。

(2)生草法　这是在枣园内除树盘外，在行间种植禾本科、豆科等草类的土壤管理方法。分永久性生草和短期生草两类。永久性生草，是指在枣树苗木定植的同时，在行间播种多年生牧草，定期刈割，不加深翻。短期生草，是指选择一二年生的豆科或禾本科的草类，逐年或隔年播于行间，在枣树花前或秋后刈割。生草法的优点是，能保持和改良土壤理化性状，增加土壤有机质和有效养分的含量；防止水土和养分流失；改善枣园地表小气候；促进果实成熟和枝条充实；降低土壤管理成本，有利于机械化作业。其缺点是，易造成草类与枣树的养分与水分争夺；长期生草易使表层土壤板结，影响通气；草类根系密度大，截取下渗水，消耗表层氮，导致枣树根系上浮。

(3)覆盖法　这是利用各种材料，如作物秸秆、杂草、薄膜、砂砾和淤泥等，对树盘、株间甚至整个行间进行覆盖的方法。其优点是，可以防止土壤水土流失和侵蚀；改善土壤结构和物理性质；抑制土壤水分的蒸发；调节地表温度，缩小地温的日变化和季节变化幅度；抑制杂草生长；防止返碱；积雪保墒；增加土壤有机质含量和有效态养分；促进枣树的吸收和生长。其缺点是，容易招致鼠害和虫害；长期覆盖还容易使根系上浮，在土壤水分急速减少时容易引起干旱。

(4)免耕法　又叫最少耕作法。就是对土壤不进行耕作，主要利用除草剂防止杂草危害的一种耕作方法。其优点是，地表容易形成一层硬壳，保持土壤的自然结构，土壤的渗透性、保水力与通气性较好；无杂草，能减少土壤养分、水分的消耗；有利于枣园机械化管理；节省劳力和成本。这种方法适用于土层深厚，土质较好的枣园。其缺点是土壤有机质会逐渐减少。

(5)清耕覆盖法　这种方法，是在枣树最需要肥水的前期保持清耕，而在雨水多的季节间作或生草覆盖地面，以吸收过剩的水分和养分，防止水土流失，并在雨期过后、旱季到来之前，刈割覆盖物，或沤制肥料。清耕覆盖法既结合了清耕、生草、覆盖三者的优点，又在一定程度上弥补了三者各自的不足。

目前，我国枣区枣园土壤管理仍然以清耕法为主，建议在有条件的地区大力推广覆盖法、生草法和清耕覆盖法，提高枣园土壤管理水平。

2. 枣园土壤管理措施　土壤管理模式要由一些具体的土壤管理措施来实现。土壤管理的措施如下：

(1)土壤耕翻　耕翻是土壤管理中的重要措施，尤其是对常年清耕的枣园尤为适用。耕翻可疏松土壤，改良土壤理化性质，对枣树根系的生长及其对水分、养分的吸收，具有重要的意义。

土壤耕翻一般多在春季或秋季进行，也有的在夏季进行。北方干旱地区，耕翻可以保墒，一年可进行多次。耕翻深度一般为15～20厘米。

秋耕，一般在采收以后结合秋施基肥进行。秋耕可松土保墒，有利于雨、雪水下渗，提高土壤含水量；铲除宿根性杂草及根蘖，减少养分消耗；还有利于消灭桃小食心虫等越冬害虫。在低洼盐碱地或雨水多的地区或年份，秋耕后可不耙平，以促使水分蒸发，防止土壤返碱，改善土壤水分和通气状况。

春耕，在土壤解冻后及时进行，可保蓄土壤深层向上移动的水分。翻后要耙平，适当镇压保墒。春翻深度一般较秋耕为浅。在春季风大少雨地区，不宜进行春翻。

夏耕，在雨后及灌水后及时中耕除草、刨除无用根蘗，并将杂草翻入土中，既可松土保墒，又可增加土壤有机质。

(2)枣园除草　杂草对枣树的生长发育影响很大，尤其是幼龄枣园，杂草如果得不到及时除治，会造成严重的肥水竞争，不能满足枣树正常生长发育的需要，导致树势衰弱，产量降低，病虫加重。

除草的方法，有中耕除草和化学除草。枣树根浅，在生长季对枣园进行多次中耕除草，可及时清除杂草，减少根蘗和杂草对水分与养分的争夺；疏松土壤，减少土壤中水分的蒸发；促进土壤微生物活动，加速养分转化，提高土壤肥力。盐碱枣园中耕除草，还可以破除土表板结层，切断土壤毛细管，减少旱害与盐害。现代化枣园多采用机械中耕，中耕深度为5～10厘米。中耕次数，应以气候条件、杂草多少为依据来确定。在杂草出苗前后和结籽前，进行除草效果较好。

枣园还可以采用化学除草。要依据枣园主要杂草种类对除草剂的敏感性、忍耐力及除草剂的效能，确定所选用除草剂的种类、浓度和时期。一般成龄枣园常用的化学除草剂，有威霸、扑草净和盖草能等，并结合人工除草，防治草害。

(3)地面覆盖　地面覆盖有有机物覆盖和地膜覆盖两种。

①有机物覆盖：一般是用作物秸秆和杂草进行覆盖，覆盖厚度一般为10～20厘米。常见的覆盖方式有：

一是整年覆盖。采用这种方式，作物秸秆和杂草等覆盖物经过一定时期后，会逐渐腐烂减少，要不断补充。

二是间断覆盖。采用作物秸秆和杂草等覆盖一定时期后，将其埋入土内，然后再更换新的覆盖物。

②地膜覆盖：现代枣园中，地膜覆盖越来越普及。地膜覆盖具有提高地温，保持湿度，改良土壤，防止长草，促进枣树生长，提高果实品质等作用。目前枣园覆盖所使用的主要有普通地膜、不透明膜、除草膜和银色反光膜等。

其实施的方法一般是覆盖树冠以下范围。在密植园，可以整行覆盖地膜。果实供鲜食用的枣树，其栽培前期可以选用普通地膜或除草膜，后期可以铺银色反光膜，以提高果实的着色程度和品质。

(4)枣园间作　幼年枣园土壤管理以间作或种植绿肥为最好。这样做，可以充分利用土地资源和光能，提高枣园的前期效益。

枣园中的间作物，应选用植株矮小或匍匐生长的作物。同时，所选种的间作物，应该生育期较短，适应性强，需肥量较小，与枣树需肥水的临界期错开；与枣树最好没有共同的病虫害；耐阴性强，利用价值高。枣园常见的间作物有：豆科作物、麦类作物、块根作物、块茎类作物、蔬菜类及花卉和药材类作物等。其中以花生等豆科作物和小麦等矮秆粮食作物最为常见。间作物可以实行轮作制。

枣树间作期限，应依据枣树种类、树龄、栽植方式和间作物的种类和性状而定。一般在枣树与间作物之间肥水争夺严重时，应及时停止间作或缩小间作面积。新植枣园，前3～5年可以间作，随着树冠的扩大，应逐年减少间作面积。进入结果盛期后，应取消间作。行距在6米以上的稀植枣园，可安排较长期的间作。

(5)炮震松土　在石质山区的枣园，其园地难以人工深翻或耕翻，可采用炮震松土。炮震扩穴时期以晚秋和早春为宜。具体方法是：在树冠外缘打深60～80厘米的炮眼，装0.5千克左右的硝铵炸药放炮。一般小树放一炮、大树放2～3炮即可，每炮松土范围可达1立方米。放炮时，要保证既不闷炮，也不形成冲天炮。在土层薄，土壤硬实的坡地枣园，树下进行炮震具有疏松土壤、促进母岩风化的作用，可有效地改善枣树的根际环境，促进枣树生长，显著地提高当年和来年枣树的产量。

（二）施　肥

1. 施肥时期　枣树生长期短，从萌芽到落叶，其生命活动极为活跃。在枣树年生长期的前期，萌芽、花芽分化、枝条生长和开花坐果等各物候期重叠，各器官对营养的争夺激烈。因此，枣树的施肥，应针对每一时期营养分配的特点来进行。

（1）*果实采收前施基肥*　秋施基肥的目的，在于增加树体的贮藏营养，满足第二年萌芽、花芽分化和开花坐果的需要。枣树的萌芽、花芽分化乃至开花结果，大部分消耗的是前一年的贮藏营养。为增加树体的营养贮藏，应争取早施基肥，以枣果采收之前施入基肥为好。此时，叶片仍有较高的光合效能，阳光充足，昼夜温差较大，有利于有机营养的积累。

（2）*萌芽前追肥*　又叫催芽肥，一般在4月上旬进行。枣树生长前期，是其器官对营养争夺的激烈时期。此时，往往由于树体的贮藏营养不足，而影响各器官的正常生长发育，乃至造成开花坐果不良，果实发育受阻。此次追肥，不仅可以促进萌芽，而且对花芽分化、开花坐果都非常有利。

（3）*花期追肥*　枣树花芽为当年分化，多次分化，随生长随分化，分化时间长，分化数量多。因此，枣花量大，开花时间长，消耗营养多。生产上往往由于营养不足，造成大量落花落果。花期及时补充树体营养，可以提高坐果率，而且有利于果实的生长发育。

（4）*幼果期追肥*　又叫助果肥。多在7月中旬进行，是提高果实产量，增进品质的关键。枣树第一次落果后，果实迅速生长。初期为细胞的分裂，主要表现为果实细胞数目的增加；后期细胞停止分裂，表现为细胞体积的增大。但无论是果实细胞数目的增加或细胞体积的增大，都直接影响果实的大小。营养充足，可加速细胞的分裂和体积的增大；肥水不足，则影响果实的发育甚至落果。

(5)生长季叶面喷肥　除了土壤施肥外，在整个生长季还可随时进行叶面喷肥，将它作为土壤施肥不足时的补充。

2. 肥料种类　基肥应以有机肥为主，适当配合施入一些速效肥。常见的有机肥，有圈肥、堆肥、厩肥、粪肥、绿肥和腐殖酸肥等。追肥和叶面喷肥，主要是一些速效性肥料，包括大量元素肥料，如氮肥、磷肥和钾肥等；微量元素肥料，如铁肥、锌肥、锰肥、硼肥和一些稀土元素肥料等。

3. 施肥方法　枣树的施肥方法，主要有土壤施肥和根外施肥两种。

(1)土壤施肥　土壤施肥必须与枣树根系的分布相适应。要将肥料施在根系集中分布层土内，以利于根系吸收，发挥肥料的最大效用。枣树的根系水平分布，一般集中分布于树冠垂直投影的外围或稍远处。枣树根系的垂直分布，因树种、品种、砧木、树龄和环境条件不同，而差异较大。一般成龄枣树根系集中分布在30～50厘米深的土层中。根系有趋肥性，因此有机肥应施在距根系集中分布层稍远、稍深处。

施肥的深度和广度与树龄有关。成年树根深冠大，要深施，范围宜大；幼树根系分布范围窄而浅，可适当浅施。沙地、坡地或山地多雨地区，肥料在土壤中容易淋溶流失，应在需肥的关键时期施入。

枣树的施肥，还必须根据肥料种类和特点施用。有机肥属于长效肥料，分解慢，以深施为好。速效性的化肥，肥效短，容易溶解，在土壤中渗透性强，一般宜做追肥浅施。化肥中，氮肥在土壤中移动性较强，浅施能够渗透到根系密集层被吸收利用；磷肥在土壤中移动性差，且容易被固定转化成水不溶性的磷酸盐，不利于根系吸收，所以磷肥以深施到根系集中分布层最好；磷肥与有机肥混施比单施效果好。具体的土壤施肥方法有以下六种：

①环状施肥：也叫轮状施肥。在树冠外围稍远处，挖掘宽30～50厘米、深40厘米左右的环状沟施肥。将肥料与表土混合，施入沟内，其上盖一层土。环状施肥易切断水平根。为避免伤根过多，可将环状沟中断为3～4个小沟。南方地区称之为“猪槽式”施肥。环状沟施肥法，多用于幼树施基肥。

②放射沟施肥：在树冠下，距主干1米以外处，顺水平根方向，呈放射状挖5～8条沟施肥。沟宽30～40厘米，深度以不伤大根为宜，长度一般为60厘米左右。施时，将肥料与表土混合施入沟中，然后覆土。对大树施肥，可将放射沟施与环状沟施结合使用，使根系分布范围内有较多的养分。

③条沟施肥：在枣树行间或株间开沟施肥。多用于成年枣园。

④全园施肥：成年枣树或密植枣园，根系已布满全园时，可以将肥料均匀地撒在园内，再翻入土中。枣粮间作地区，为结合给农作物施肥常采用此法。此外，追施速效性氮肥时，若结合灌水，也可使用此法。

⑤穴状施肥：在树冠外围稍远处，每隔50厘米左右，挖若干个直径30厘米左右、深20～30厘米的穴，将肥料施入穴中。此法多用于追肥。

⑥灌溉施肥：将溶解度大的肥料溶于水中，随灌溉水施入

土内，或采用与滴灌、喷灌相结合的方法给枣树施肥。

(2)根外追肥　又叫叶面喷肥。根外追肥可以提高叶片的光合强度、呼吸作用和酶的活性，促进枣树的营养生长和果实发育。缺乏灌溉条件的枣园，合理的根外追肥，可以提高坐果率，促进果实增大，改善品质，充实枝条，增强抗性等。根外追肥简单易行，用肥少；既可满足枣树对营养元素的急需，又可避免某些元素在土壤中被固定；营养可以就近分配利用，使枣树的中小枝和下部的枝条都可以得到营养；吸收利用快，在矫治缺素症方面，具有立竿见影的效果。

根外追肥，可结合花期喷水及防治病虫喷药进行。叶面喷肥，主要是利用叶片上的气孔和角质层来吸收营养，一般喷后15分钟到2小时，所喷肥液即可被吸收利用。其吸收强度，与叶龄、肥料成分及溶液浓度有关。一般喷施的尿素等肥液，浓度以0.3%～0.5%为宜，磷酸二氢钾肥液，以0.5%～1%为宜。从叶片的吸收能力看，幼叶较老叶吸收快。叶片背面气孔多，有利于渗透或吸收，操作时应注意把肥液向叶片背面喷匀喷到。叶面喷肥的最适温度为18℃～25℃，夏季最好在上午10时前和下午4时后进行，以免气温过高，肥液浓缩快，影响喷肥效果和发生肥害。

(3)施肥新技术　近年来，生产上开始采用一些新的施肥方法，在特殊树体如缺素症、病树的营养供应方面，显示了很好的效果。

①树干强力注射施肥技术：靠机具持续的压力，把枣树所需要的肥液，从树干上强行注入树体内，运送到根、枝和叶片，为枣树所吸收和利用。目前常用的机械，有气动式强力树干注射机和手动式树干强力注射机。

②管道施肥技术：结合喷灌或滴灌，把肥料施于树体根系

或叶片。这种施肥方法，具有省时省力、节省肥料和提高肥效的优点。

③根系饲喂施肥技术：于早春枣树萌芽前，将装有相当于叶面肥料浓度肥液的瓶子或塑料袋，埋在距树干约1米处，将粗度约5毫米的吸收根剪断，放进肥液瓶或袋中，埋好即可。此法可用于防治枣树缺素症施肥。

④肥料滴注施肥技术：用带4.5毫米钻头的手钻在树干上打眼，钻孔角度与树干约成45°角，斜向下，深度为3～4厘米。然后把装有肥液的瓶或袋，挂于树上，用专用树干输液器对树体进行肥料的滴注。此法可用于缺素症或其他病害的治疗与康复。

4. 施肥量 枣树的施肥量，目前还没有严格的标准。一般生产经验性施用量为：每产100千克鲜枣，约施入氮1.5千克，磷1.0千克，钾1.1千克。幼树期间，由于根系少，追肥应少量多次，用量应逐年增加。成龄枣树根群庞大，一般可以考虑集中一次追肥；无公害生产的枣园要加重基肥的使用量，相应减少化肥使用量；在氮、磷、钾肥料上，要改变传统的重氮轻磷、钾肥的做法，使氮、磷、钾配比最好为1∶2∶1～1.5。

5. 山地枣园施肥的特点 山地丘陵枣园和旱塬枣园，由于灌水困难，追肥的时间不能照搬平原枣园的做法，而主要是趁雨追肥。在雨前或雨后，及时追施速效肥，可以及时补充树体对肥料的需求。另外，一定要重视秋季深翻施基肥，在生长季增加叶面喷肥次数，种植绿肥作物和客压杂草，以弥补有机肥的不足。同时大力推广穴贮肥水技术。

穴贮肥水技术，适用于山地、坡地、滩地、沙荒地和干旱少雨的旱塬地。于春季枣树发芽前，在树冠外缘下方根系密集区内，均匀挖掘直径为30～40厘米，深40～50厘米的穴，穴的数量依树龄、树冠大小而定。每穴内直立放入一直径为20～30厘米，长30～40厘米的草把，然后填土，使穴顶略低于地表，呈漏斗状。在集中施肥灌水后，覆盖地膜，并在地膜中央捅一孔洞。以后，施肥灌水均在穴孔上进行。

（三）灌　水

枣树虽然抗旱性很强，但在生长季只有及时满足其对水分的需求，才能充分发挥其生产潜力。合适的水分供应，有利于肥料的分解、吸收和利用，而且各种营养元素在体内的运转也需要在水的参与下进行。如水分不足，特别是生长期水分不足，则容易造成减产，果实变小，品质下降。因此，必须认真做好枣树灌水工作。

1. 灌水时期　枣树在生长季对水分的要求是比较多的。从发芽到果实开始成熟，土壤水分以保持田间最大持水量的65%～70%为最好。枣树在生长期中，特别是在生长的前期和中期（花期和硬核前果实迅速生长期），对土壤水分比较敏感。当土壤含水量小于田间最大持水量的55%或大于80%时，其幼果生长受阻，落花落果加重。在果实硬核后的缓慢生长期中，当土壤含水量降低到5%～7%（砂壤土）或田间持水量的30%～50%时，果肉细胞会失去膨压而变软，生长停止，直到土壤水分得到补充后，果实细胞才恢复膨压，开始生长。此期缺少水分，容易使果实变小而减产，并影响质量。特别是北方枣区，在枣树生长的前期，正处在干旱季节，更应重视灌水，以补充土壤水分的不足，促进根系及枝叶的生长，减少落花落果，促进果实发育。北方枣区应搞好以下主要时期的灌水。

（1）催芽水　北方一般在4月上中旬萌芽前进行催芽灌水。该期灌水，可促进根系生长及其对营养的吸收与运转，有利于萌芽、枣头和枣吊的生长及花芽的分化，有利于提高开花质量，促进坐果和幼果发育。

(2)花期水　枣树花期对水分相当敏感。这不仅因为花期正处在各器官迅速生长期，对水分与养分的争夺激烈，而且枣的花粉发芽也需要较高的空气湿度，水分不足则授粉受精不良，坐果率明显降低。同时，枣树开花期正处于北方干旱燥风季节，如水分不足，则“焦花”现象严重，造成大量的落花落果。因此，花期是枣树需水的关键时期。花期灌水不但坐果率高，而且果实发育迅速。

(3)促果水　在7月上旬的幼果迅速生长期，结合追肥进行灌水，可促进细胞的分裂和增长。这是果实肥大的基础。此期水分不足，同样会使果实的生长受到抑制而减产，并降低枣果的品质。

(4)上冻水　秋施基肥后，在土壤结冻前灌水，一般称为上冻水。灌足上冻水，不仅可以提高枣树的抗寒能力，而且对翌年枣树的生长和优质丰产，也大有好处。

灌水不但要抓住枣树需水的关键时期，而且要根据气候和土壤情况，因时因地而异。南方枣区，自然降雨一般能满足枣树对水分的要求，但7～8月份干旱的年份，也需灌水补充。枣树的水分临界期与需肥临界期相似，因此多在施肥后灌水。另外，果实鲜食用枣树对水分的需要量，比果实制干用品种相应要多，尤其是在果实发育阶段，应注意水分的补充，否则会引起大量的果实萎蔫和脱落。

2. 灌水方法　灌溉方法，目前在我国主要有地面灌溉(如分区沟灌、盘灌、穴灌等)、喷灌和滴灌等。有条件的枣园，应使用滴灌或微喷技术；没有条件的，要用水龙带引水沟灌。为了节约用水，提高水的利用率，可在灌溉或下雨后，及时对全园覆盖地膜，以减少灌水次数。

3. 灌水量 每次灌溉量，通常在15～50毫米之间。

4. 山地枣园的蓄水与灌水 水分缺乏，是丘陵山区特别是北方丘陵山区枣树生产中的难题。因此，搞好枣园的贮水设施，是保证枣树生长结果用水的关键。北方雨水多集中在7～9月份三个月，生产中应切实注意雨水的截留和贮备。可以在枣园建蓄水池、蓄水窖等，利用地势截留雨水，以便在枣树需水期使用。山地枣园的水分管理，主要是修建树盘和梯田等工程保蓄水，修建水窖和人工河湖（水库）供引水，覆盖地膜和中耕除草节水，以及客雪补水等。冬季客雪于树干基部，待雪融化后用塑料薄膜覆盖，其水分可维持到第二年的6～7月份。

二、整形修剪

整形修剪是枣树栽培中的一项重要技术措施。合理地整形修剪，可使枣树提早结果，延长经济结果寿命，提高产量，改善通风透光条件，减少病虫害，改善枣果品质，增强枣树的抗灾能力，降低生产消耗，提高经济效益。

（一）整形修剪的原则和特点

1. 整形修剪的依据 枣树修剪，必须依据枣树的生长结果特性、自然条件、栽培措施以及经济技术条件等进行。

（1）枣树的生长结果特性 枣树为喜光树种，因此在树形上多选择疏散分层形、开心形和“Y”字形等通风透光好的树形。枣树品种之间树性差异较大，因此还应依据品种的生长结果特性制定修剪方案。例如，树性直立的，修剪时应开张主枝角度；枝条开张和下垂的品种，修剪时应注意抬高枝头；成枝力低的品种，要适当多短截；而成枝力高的品种，则要多疏少截。不同年龄的枣树，修剪也不一样。幼树期应注意整形，尽量多留枝;盛果期树,应注意调节枝、叶、果比例,维持好生长与结果的平衡;盛果期过后,要及时更新复壮,延长结果年限。一年中的不同时期,修剪也要有所侧重。休眠季的修剪,主要是骨架和枝类的调整;生长季的修剪,主要是对生长和结果关系的调控。

(2)自然条件和栽培措施　在不同的自然条件、不同的栽培措施下,枣树往往表现出不同的生长发育特性,修剪方法也应有所不同。例如,对园地地力肥、长势旺的树体,应特别重视拉枝和疏枝,以保证树体通风透光,并且要适当控制枝条长度,促进结果。对立地地力弱、树势相应也弱的树体,容易早衰,修剪上应及时短截或回缩。

(3)经济技术条件　经济技术条件好的地区,应进行精细修剪,以实现枣树的优质高效栽培的目的;而人工较少、技术缺乏的枣园,则仅适于简化修剪。

2. 整形修剪的原则　枣树整形的原则是:因地制宜,因树修剪;有形不死,无形不乱。依据当地的自然条件和生产需求,统筹兼顾,从解决主要矛盾出发,制定丰产、优质、低耗的修剪指标。

3. 枣树整形修剪的特点及发展趋势　枣树整形修剪的特点,是由其生物学特性所决定的。枣树成花容易,枝枝有花,枝枝可以结果,基本没有结果枝和营养枝的区分。因此,枣树的修剪,在结果期重点是对枝量和枝势的调控;而盛果后期和进入结果更新期后,重点是骨干枝和结果枝组的更新。另一方面,枣树的侧主芽不易萌发,所以总枝量较少,修剪量相对较小,而且要让侧主芽萌发,必须同时对枣头进行短截和去掉主芽所在节位上的二次枝,即俗话所说"一剪子堵,两剪子出"。

近年来,枣树整形修剪的发展趋势是树冠由大变小,骨干枝由多变少；树形从自然形逐渐走向规范树形，如疏层形、开心形等符合枣树生长发育特性的树形；修剪，从放任不剪到简单修剪，并逐步走向精细修剪，树体结构更趋合理；修剪时期从只注重休眠季修剪，开始转向休眠季修剪、生长季修剪相结合的修剪，或周年修剪。

（二）主要树形及其特点

枣树的树形，主要有自然圆头形、主干疏层形、开心形、"Y"字形、扇形、柱形和篱壁形等。各种树形的特点如下：

1. 自然圆头形 这种树形是根据枣树在自然生长状态下的树形改进而来的。主要特点是成形快，通风透光良好，产量高，品质好。

树体高大，没有一定层次，主枝为6～8个，在主干上错落排开。每个主枝上着生2～3个侧枝。适用于生长势较强的品种和稀植枣园。

2. 主干疏层形 也称疏散分层形。该树形的特点是，树冠呈圆锥形，骨架结构牢固，立体结果，负载量大，主枝分层，通风透光好。枝多，级次多，成形快，产量高。

全树有主枝6～8个，分2～3层。第一层有主枝3～4个，第二层有主枝2～3个，第三层有主枝1～2个。主枝基角为50°～60°。每主枝配备侧枝1～3个。第一、第二层间距离为70～100厘米，第二、第三层间距离为40～60厘米。

该树形适合栽培密度较小的中密度枣园和稀植枣园。对于发枝力较弱，特别是干性强、层性明显的品种，如晋枣、圆铃等，尤为适用。

3. 开心形 树体较矮小，树冠小，通风透光良好，结果枝组配备较多，所以结果枝较多，叶面积系数较大，前期产量高。

树体结构特点是：在树干上部着生3～4个主枝。以50°左右角向四周伸展，不留中心干，呈开心形(图16)。每个主枝的外侧着生侧枝2～3个，结果枝组均匀地分布在主侧枝的前后左右。

该树形适于萌芽力较强、分枝较多的品种，如临猗梨枣、冬枣等。密植、稀植枣园均可应用。

图16 开心形

4.“Y”字形 是目前密植栽培枣园推广的主要树形之一。树冠矮小，通风透光好，单株产量较小，但群体产量较高，早期效益好。

树体结构特点是：在树干上部着生两个主枝，两个主枝斜伸向行间，枝基角为40°～60°。每个主枝均匀着生2～3个结果枝组(图17)。

5. 扇形 全树有主枝3～5个，均匀向两个相反方向生长。其树形扇面，可与行向垂直，也可有一定角度，主枝上基本不留侧枝，直接培养结果枝组。

此树形仅适于密植枣园的整形。树冠小，受光面积大，早期产量高，果实品质好。

图17 “Y”字形

6. 柱形 其主要树体结构特点是，没有明显的主枝，在主干上直接培养结果枝组，主干保持直立，下部枝组较大，上部较小，全株有 8～10 个枝组。

柱形树体小。适于生长势较弱、多年生枝结果能力强的品种，是密植园整形修剪常用的树形之一。

（三）修剪时期

枣树的修剪时期，一般分为休眠季修剪和生长季修剪。生长季随时修剪，营养损失小，整形和促进坐果的效果好，应大力提倡。

1. 休眠季修剪 一般又称冬剪。是指在枣树落叶后到萌芽前期间所进行的修剪。冬剪的目的是培养骨干枝，调整树体结构，更新枝组等。

枣树伤口愈合较慢。在北方冬季寒冷风大地区，为防止剪口抽干，休眠季修剪一般在 3 月上旬至 4 月上旬进行。但不宜过晚。修剪过晚会影响枣头的萌生，枣头生长较弱，不利于各级骨干枝的培养。在南方枣区，枣树的整个休眠季都可修剪。

2. 生长季修剪 通常又叫夏剪。是指从枣树萌芽开始后的整个生长季内的修剪。生长季修剪的目的是，调节营养分配，避免养分无益消耗，减少落花落果，提高坐果率，改善果实品质。同时，及时去除病虫枝，协助做好病虫害的综合防治等。

（四）修剪方法

枣树的修剪方法，主要有短截、回缩、抹芽、摘心、疏枝、拉枝、撑枝、目伤、环割、环剥、绞缢和落头等。

1. 短截 在休眠季，剪去当年生或 1 年生枣头或二次枝的一部分的修剪方法叫短截。

对枣头而言，短截有两种效应。一种是只对枣头一次枝短截，其剪口下的二次枝不动。这样，在一般情况下主芽不萌发枣头，俗称“一剪子堵”。这种短截叫“堵截”。另一种是在对枣头一次枝短截的同时，将剪口下的第一个二次枝，从基部或留1～2个枣股后短截。这样，只要枣头粗壮，剪口下主芽或二次枝枣股主芽，当年会萌发长成枣头，俗称“两剪子出”。人们称它为“双截”或“放截”。堵截可促进坐果。放截的目的主要是刺激主芽萌发，形成新枣头，培养新的骨干枝或结果枝组。

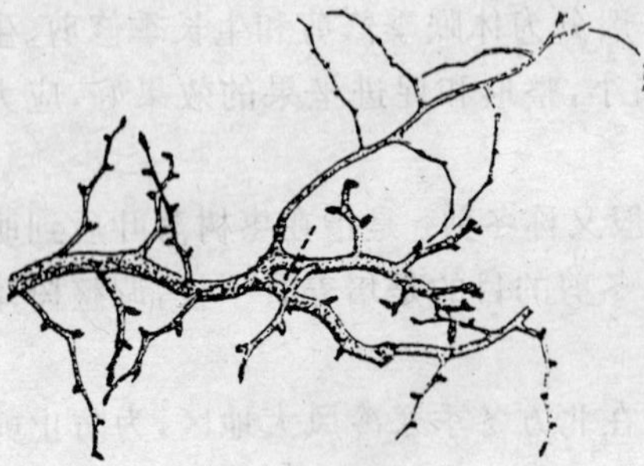

图18 回 缩

2. 回缩 剪去多年生枝的一部分叫回缩(图18)。其目的是使局部枝条更新复壮，抬高枝的角度，增强生长势和结果能力。

3. 抹芽 在萌芽期把各级骨干枝及枝组上萌发出的无用幼芽，随萌发随从基部抹掉的方法叫抹芽。抹芽的主要目的是，减少不必要的营养消耗，有利于保持合理的树体结构，促进枣树的生长和产量的提高。

4. 摘心 在生长季，将新枝幼嫩顶端部分掐去的方法叫摘心。可分为枣头一次枝摘心、二次枝摘心和枣吊摘心。

枣头一次枝摘心，依其摘心强度的不同，可分为轻摘心、中摘心、重摘心和极重摘心四种。轻摘心，即在枣头长出5个以上永久性二次枝时摘心；中摘心，即在枣头长出3～5个永久性二次枝后摘心；重摘心，即在枣头长出其1～2个永久性二次枝时摘心；极重摘心，往往指只保留非永久性二次枝或基部枣吊的摘心。

摘心的作用是，抑制枝条的加长生长，促进下部枝叶的生长，提高树体的营养积累和转化水平，从而有利于花芽分化和开花结果。

5. 疏枝 是指从基部剪除枝条的方法，在休眠季和生长季修剪都可以进行疏枝。其主要作用是，疏除过密枝，以减少枝量，平衡树势，节约营养，改善树体的光照条件。

6. 拉枝、撑枝和缀枝 这是用人工的方法改变枝条生长方向的方法。用铁丝或绳子把枝条拉到一定角度后，固定于地上的方法叫拉枝；用做好的木棍直接把枝撑开到一定角度的方法叫撑枝。另外，改变枝角的方法还有缀枝。

拉枝、撑枝和缀枝，在幼树整形期间用得较多，主要是为培养合理的树体结构，平衡树势和枝势。

7. 目伤 又叫刻芽。这是在去掉 2 年生或多年生枝侧生主芽上方的二次枝后，用刀刻一长 1 厘米左右、宽 1～2 毫米的月芽形伤口，取下韧皮部，这种方法叫目伤。其目的是促使主芽萌发新枣头。

8. 环剥和环割 环剥是根据枝干的粗度，用刀从枝或干上剥下一圈宽度相当于枝粗或干径 1/10 的韧皮部，露出木质部的一种修剪方法。环割是在枝或干上用刀周割韧皮部深达木质部一圈或多圈的一种修剪方法。

环剥和环割在枣树上有两种作用。一是用在萌芽前，在主芽上方部位环剥或环割主干或主枝，可以暂时切断芽体下方树体贮存营养向树体上部枝芽的运输和分散，从而促使剥口下部主芽的萌发。二是在花期环剥或环割，暂时阻断叶片光合产物向地下部的运输，从而集中供开花坐果用，提高坐果率。花期环剥又叫开甲，一般在主干上进行。

9. 落头 枣树树冠达到一定高度时，把中心干顶部向下回缩的一种方法，称为落头。此法一方面可以控制树体高度；另一方面可以改善树冠内部的光照条件。

（五）不同年龄枣树的修剪

1. 幼树的整形修剪 幼树的整形修剪，主要包括枣树生长期或生长结果期的修剪。一些早果品种，如临猗梨枣、稷山板枣等，一般没有明显的生长期，栽植第二年就进入生长结果期。在集约化栽培条件下，生长结果期一般维持3～4年。5年后大多数早果品种可进入大量结果期。因此，这些品种的整形修剪，多是边整形边结果，树形完成后，整个枣园也就进入大量结果期了。另一些品种，如金丝小枣、婆枣和圆铃等，进入结果期较晚，有明显的生长期和生长结果期。因此，整形修剪多在生长期或生长结果初期完成。

（1）定干 在枣树定植当年或若干年后，对主干进行短截或回缩，以培养健壮的骨干枝。

一般主芽萌芽率高、成枝力强的品种，多采取栽植当年定干的方法。而主芽萌芽率一般或较低、成枝力弱的品种，生产上一般在定植后暂时不进行定干，尽量多保留一些枝条，促其主干加粗生长，2～3年后，等主干长到2～3厘米时，再进行截头定干。

栽培条件好、集约化管理水平高的枣园，提倡早定干，快整形，以提高早期的产量。其前提条件是要栽植健壮的一、二级苗木，甚至特级苗。

定干的高度，要依据栽培方式和品种而定。密植枣园中生长势弱的品种，定干高度以60厘米左右为宜，生长势强的品种以80厘米左右为宜；一般密度枣园，枣树的定干高度相应要提高一些；枣粮间作园，定干高度一般较高，以120～150厘米为宜。

（2）主侧枝的培养 以主干疏层形为例。定干后当年，选一个生长直立粗壮的枝条作中心干，一般选留剪口下第一主芽萌发出的枣头作中心干。其下选留 3～4 个方向、角度均合适的枣头作为第一层主枝，其余的可酌情疏除。

保留下的当年生枣头(粗度超过 1.5 厘米)，在第二年冬剪时可进行短截。短截时，一般进行双截，即对一次枝短截的同时，疏除或短截剪口下 1～2 个二次枝，促生新枣头，培养延长枝和侧枝。如粗度不够，应剪去顶芽，使枣头加粗生长一年后再处理。

对培养的主枝通过拉枝和撑枝，调整其方向和枝角，以形成合理的树体结构。

作为中心干的枣头，应在其 100～120 厘米处短截，剪去剪口下的第一和第二个二次枝，以培养主干延长枝和第二层主枝。

第三年，除继续用同样的方法培养第一和第二层主、侧枝外，对中心干延长枝也应继续短截培养第三层主枝，并开始在第一、第二层枝上选留结果枝组。第四年后，树体骨架基本形成，可形成结构合理而丰满的树冠。

(3)树体结构　枣树的整形修剪，都要培养一定的树形。但是，应该明确，树形的好坏，主要取决于树体结构合理与否，即人们通常所说的“没有不丰产的树形，只有不丰产的树体结构”。所以，整形修剪的目的是，形成一个良好的树体结构，以发挥树体的最大生产效能。

①干高：树冠的大小与形成快慢，对幼树早期丰产和成树高产稳产，影响很大。而树冠大小及形成快慢，与干高有直接关系。所谓干高，是指从地面到树干的第一分枝处的高度。一般干越高，树冠形成越慢，冠径越小，结果面积也越小，产量也低；而低干往往成形快，冠径大，树体结果部位大，产量高。因此，要依据不同栽培模式、不同栽培条件及不同的品种，确定

合理的干高。

②骨干枝数目：形成树冠骨架的中心干、主枝和侧枝等为骨干枝。骨干枝应保持合理的数目，其原则是既能充分利用空间和光照，又能使骨架牢固，树体健壮，丰产稳产，经济寿命长。

主枝的数目因树体结构而异。无中心干的主枝较少，如开心形一般有 2～4 个主枝；而有中心干的树形主枝较多，如主干疏层形一般配备主枝 6～8 个，分为 2～3 层。

侧枝的配备，也要因树体结构而异。主枝少，可适当多配备侧枝；主枝多，则每个主枝上侧枝数要相应减少。分层的树形，其上部主枝配备侧枝要少于下部主枝。开心形主枝一般配备侧枝 1～3 个。留侧枝时，要使各骨干枝间互不干扰，各自发挥其生产效能。

③分枝角度：枝角的大小，直接影响到枝的长势和树势。各类枝的开张角度，应有利于营养物质的分配和积累。主枝角度过小，会造成内膛通风透光差，使结果部位容易外移；而主枝角度过大，则又抑制延长枝生长，使负载量小。枝角的确定，也要依栽培模式、管理条件和品种而定。一般枣树的主枝角度，以掌握在 50°～60°为宜。密植园容易产生树体郁闭，其枝角应稍大一些，以缓和树势。有的品种单轴生长能力强，结果后枝条中部弯曲下垂，腰角过大，梢角下垂。因此，对这类品种，在树冠形成后期应适当抬高主枝延长枝的角度，以增强树势和枝势。

④结果枝组的配备：结果枝组是枣树的基本单位。正确地培养结果枝组，有利于调节局部的生长和结果，防止结果部位外移。配备枝组的原则是，数量适宜，分布合理，大、中、小枝组保持一定的比例。在枝组的配备上，要注意主侧枝中下部以配

备中、大型枝组为主，主侧枝上中部以配备小、中枝组为主。主、侧枝角度大时，应配备两侧斜生枝组，一般品种不要培养背上直立枝组，以防止枝势过旺，扰乱树形，影响光照。结果枝组配备好后，并不是一成不变。在若干年后，视其衰老情况，还要及时更新。

2. 生长结果期枣树的调控修剪 在枣树生长结果期的修剪上，应采取整体促进，局部控制的方法。即在加强枣树肥水管理的同时，修剪上要促进各级骨干枝的延长枝的生长，以迅速扩大树冠。而对其他当年生的枣头，要有计划地进行抹芽或摘心，控制其生长，充实二次枝，并加速其营养生长向生殖生长的转化，培养成结果枝组，以实现早期丰产。

3. 结果期树的修剪 枣树进入结果期后，树冠已基本形成，扩冠已不再是主要任务。因此，修剪的重点应是维持良好的树体结构，保持树体的生长势，同时均衡生长与结果。

在结果前几年，产量处于上升阶段，新枣头萌发数量仍较大，修剪上应注意及时抹芽、疏枝和摘心，使树体保持合适的枝量和营养生长总量。树冠长到一定的高度后应及时落头。

随着树体结果能力的增强，枣树很快进入盛果期。盛果期枣树萌发枝条的能力明显下降。此期的修剪应注意保留一定数量的新枝，适时摘心，作为后备更新枝加以培养。对多余的新枝应及时疏除。

盛果期枣树离心生长基本结束，随着枝先端结果能力的增强，枝条多弯曲下垂，先端生长渐弱，后期开始出现向心更新的枣头。因此，对这类骨干枝，要依据树体情况，有计划地对其适当回缩，利用更新枝代替部分衰老部分，抬高枝角，增强骨干枝的枝势。同时，要培养新枣头，补充新枣股，维持结果面积。

枝组的培养和更新，也是如此，始终要保持枝条的健壮生长和正常结果。这样，会大大延长盛果期的年限，从而延长整个枣园的经济寿命。

4. 衰老期树的修剪 衰老期的枣树，树冠逐渐缩小，生长转弱，树冠内出现大量枯死枝，树冠逐渐稀疏，产量明显下降。这个时期的首要修剪任务，是对树体进行全面更新，使其恢复树势，“返老还童”。其主要修剪方法是回缩。

根据更新程度的不同，衰老枣树的修剪，可分为轻更新、中更新和重更新。

(1)轻更新 树体上还有相当数量的有效枣股时，可以轻度回缩更新，一般回缩量是枝总长的1/3。

(2)中更新 树体上有一定数量的有效枣股，但结果能力已经很差时，可采取中回缩更新。回缩长度一般为枝总长的1/2。

(3)重更新 树上只有少量有效枣股，产量很低时，可采用重回缩的方法进行更新，其回缩量达枝总长的2/3。更新后，可刺激骨干枝中下部的隐芽萌发新枣头，以培养新树冠。枣树的更新，一般一次性完成。

(六)不同品种枣树的修剪特点

由于枣树品种间的生物学特性有差异，因此，各品种对修剪的反应也不一样。早果性强的品种，往往当年生枣头的结果能力也强。因此，多利用短截、回缩及时更新枝组，可以提高这类品种树体的连续结果能力。如临猗梨枣和稷山板枣等。早果性稍差，主要依靠成年枣股结果的品种，一般多采用抹芽、疏枝和摘心的方法，来控制树体的营养生长而实现丰产稳产。如赞皇大枣、灰枣和金丝小枣等。萌芽力、成枝力均强的品种，短截、回缩强度宜小；而萌芽力、成枝力低的品种，短截、回缩强度宜大。这样，可以较好地调控新生枝的数量，维持树势的均衡。

（七）放任枣树的整形修剪

放任枣园，一般是指管理水平极差或不加管理的枣园。这类枣园内的枣树，一般树冠多呈乱头形，主枝偏多，枝条紊乱，通风透光不良，大枝先端下垂，中下部二次枝干枯，结果部位外移，产量低而不稳。修剪这类枣树要因树因枝修剪，不要强求树形。

1. 选择培养骨干枝 选择角度大、位置适当、有侧枝和二次枝多的枝做主枝，疏除直立生长的与主枝并生的竞争枝和交叉枝等。对留作主枝的大枝进行适当回缩，以抬高枝头角度，增强生长势。并用幼树整形的方法培养各级骨干枝的延长枝，以形成具有良好树体结构的树冠。中心干过高、下部光秃无分枝的延长枝，应回缩落头，缩到有分枝的部位，使树冠开张，改善通风透光条件。

2. 更新改造结果枝组 对放任树主枝改造后，还要疏除内膛的并生枝、重叠枝、交叉枝、病虫枝、徒长枝和细弱枝，保留位置适当的健壮枝条，将其改造为结果枝组。一般对 3 年生左右的枝要进行回缩，复壮其下部的二次枝及枣股，培养成结果枝组。对衰老枝要进行回缩更新，培养新枣头，使其形成结果枝组。

三、保花保果

枣树花量很大，落花落果非常严重，自然坐果率一般仅为1%左右。这主要是因为枣树当年成花，花量大，使得营养消耗偏多；在枣树的年生长周期中，花芽分化、枝条生长、开花坐果及幼果发育,物候期重叠严重,各器官间养分竞争激烈;枣园的立地条件一般较差,营养供应不足;花期恶劣气候条件的影响,温度过低(温度低于 20℃)和阴雨天气,会影响开花进程,出现雨水浸花,柱头分泌物被冲淡或流失,使花粉发芽率降低,坐果率下降,而温度过高,空气过于干燥(空气相对湿度低于 40%~50%),会出现"焦花"现象,造成落花落果。提高枣树坐果率,应着力采取以下几个方面的措施:

(一)改善树体营养

营养不良是落花落果的主要原因之一。加强土肥水管理,合理修剪,防止病虫危害,提高树体营养水平,对提高坐果至关重要。其具体措施参见各相关部分的内容。

(二)调节营养分配

调节营养分配,是提高坐果率减少落花落果的重要技术途径,生产上常用的技术措施,有开甲、枣头摘心等。

1. 花期开甲 在开花和坐果的关键时期,切断树干韧皮部,阻止光合产物向根部的运输,控制枣树根系和地上部枝叶的生长,使花朵得到更多的营养,最终提高坐果率。

开甲与否,要因品种、立地条件和气候状况而定。对坐果容易的品种,或立地条件好,树体营养充足的枣园,可以不用开甲措施;而坐果相对困难、生长势又不易控制的品种,可以适当采用开甲措施,促进坐果。对于弱树,一般不用开甲技术。花期气候不良,或 7 月份在幼果发育期遇到的连阴雨时间较长时,进行 1~2 次环剥,能有效地提高坐果率,防止果实萎蔫和脱落。

枣树开甲的时期,一般在盛花期,北方地区大约在 6 月上中旬。在立地条件较差的地区,末花期和幼果期开甲比盛花期开甲效果更好。

首次开甲，在距地面 20～30 厘米处实施。先刮掉一圈老树皮，露出韧皮部后，用快刀绕树干上下环切两周，深达木质部，将其间的韧皮组织切下剥去。要求整个环剥口宽窄一致，环剥口内的韧皮部要全部除净，刀口要平滑，甲口应“上刀下坡，下刀上坡”，以免雨水积聚，影响愈合。剥口宽度一般为3～10 毫米，以 1 个月内能完全愈合为度。小树和弱树的剥口宜窄，大树和壮树的剥口宜宽。开甲部位，每年上移 3～5 厘米。移到主干分支处，再从下部开始“回甲”。

开甲后，应注意防止甲口虫的危害。一般采用涂药或绑带药的缚塑胶条等方法，进行甲口保护。涂药方法是，于开甲后每隔 1 周左右，在甲口内涂一次杀虫剂，如 2.5%的高效吡虫啉乳油 300 倍液，或 48%乐斯本乳油 300 倍液等。

2. 枣头摘心 摘心可以有效抑制营养生长，相对改善花果的营养供应，起到“节流”的作用，从而提高坐果率。枣头摘心的时期，为从枣头萌发开始，一直到枣头停长前为止。一般枣头可留 2～6 个二次枝进行摘心。有些品种，如临猗梨枣，木质化枣吊结果能力强，因此强摘心能有效地提高当年生枣头结果能力。

(三)创造良好的授粉条件

1. 花期放蜂 枣树为典型的虫媒花，花期放蜂能显著地提高坐果率。在枣园放蜂期间，要严禁使用对蜜蜂有高毒的农药。

2. 花期喷水 枣树花的授粉和花粉发芽，与温度和湿度有关。枣花粉发芽的适宜条件，气温为 24℃～26℃，空气相对湿度为 70%～80%；湿度太低(低于 40%～50%)花粉发育不良。我国北方枣区，花期常遇高温、干旱天气，易出现“焦花”现象。因此，花期喷水不仅能增加空气湿度，而且能降低气温。一般年份喷水2～3次即可，严重干旱年份可喷3～5次，一般间隔期为1～3天。具体的喷水时间，与枣花的散粉时间有关。在枣花大量散粉时喷水，会把花粉冲掉而影响授粉。因此，喷水宜在大量散粉前期或花粉散完后实施。枣树开花，分为日开型和夜开型两种，如金丝小枣、赞皇大枣和阜平大枣等，均为日开型(散粉时间为下午14～16时)，日开型品种的喷水时间以在上午为宜。对夜开型品种，在傍晚前喷水效果更佳。

(四)喷施生长调节剂和微肥

对成龄枣树喷布植物生长调节剂和微肥，具有促进枣吊和叶片生长，加深叶色，增强树势，提高坐果率，增大果实，改进品质的作用。但这些作用是以树体本身的营养条件和内源激素水平为基础的。在不同地区、不同品种上使用植物生长调节剂时，应先做预备试验。一般树势强壮、肥水充足和管理水平高的枣园，喷施效果好。相反，树势弱、肥水管理跟不上时，即使喷后坐果率提高，后期也会因为营养不良而大量落果。喷布植物生长调节剂或微量元素时，应选择晴朗的天气。若喷后遇雨，应补喷一次。

1. 生长调节剂的应用 目前在枣树上使用最广泛的生长调节剂是赤霉素，生产上也叫“九二〇”。其使用方法是，先将赤霉素用少量酒精(也可用高度白酒代替)溶化，之后按每克赤霉素对50～100升水，配成水溶液。在枣树盛花期喷施。一般可喷施1～2次。

2. 微肥的喷施 微量元素硼，可促进花粉萌发和花粉管伸长。生产上常施用的微肥，主要有硼酸钠(硼砂)、硼酸、稀土和硫酸锌等。

在盛花期喷布，硼酸的参考浓度为0.05%～0.2%，硼酸钠的参考浓度为0.3%。使用硼砂和硼酸，需首先放入少量酒精加以溶解，然后再加水稀释到需要的浓度。

另外，在盛花期喷布 300 毫克/千克硝酸稀土，可以提高枣的坐果率。稀土易在酸性溶液中溶解，配制时可加入适量食醋，使溶液的 pH 值为 5.5～6.0，可提高喷施效果。

四、树体的其他管理

对枣树的树体管理，除了做好整形修剪外，为了配合防治病虫害，预防自然灾害，保护树体，还需做好以下各项工作：

(一)涂白和刮树皮

刮树皮和涂白，一般在休眠季进行，以秋季落叶后到入冬前进行为最好。幼树在主干形成粗皮之前，一般只涂白，不刮皮。成年枣树的骨干枝，每年都形成一层粗皮，要实施刮皮。

1. 涂白 涂白可减轻枣树的冻伤和日烧，同时防治叶蝉及病菌的危害等。涂白剂可以自己配制。常用的配方是：水 10 份，生石灰 3 份，石硫合剂原液 0.5 份，食盐 0.5 份，油脂(动、植物油均可)少许。

2. 刮树皮 随着枣树年龄的增长，树皮增厚缺乏伸展性，妨碍树干的加粗生长，使树体容易早衰。同时树皮的裂缝是许多病菌和害虫的越冬场所。所以，及时刮除老皮，集中烧毁，既能促进树体生长，又能防治病虫害，一举二得。

刮皮一般用专用刮皮刀进行，以将老树皮的粗裂皮层刮下为度。刮皮不能过深而伤及嫩皮和木质部。刮皮时，树下先铺上报纸或塑料薄膜等，以便将刮下的树皮及时清除干净，予以集中烧毁。

(二)吊枝和撑枝

枣树进入盛果期后，常常出现骨干枝被果实压弯的现象，有时会压断树枝，不利于维持树势和结果。需要采用吊枝或撑枝加以保护。

吊枝是用绳子把主枝吊起，固定在主干或在树中心立起的支柱上。撑枝是用木棍等物逐一把主枝支撑固定。吊枝和撑枝宜在果实膨大、主枝开始下垂前进行。此时最易选择吊枝、撑枝的重心部位。吊枝和撑枝，可就地取材，结合使用。

（三）清除萌蘖

枣树在生长期间，如果管理不当，会造成根蘖和枝干隐芽大量发生，妨碍枣树生长和开花结果，故应及时将其清除掉。除萌最好在刚发芽不久进行，以节省养分。

（四）修补树洞和治疗伤疤

1. 剪锯口的处理 冬剪时，往往会造成大的锯口和剪口。树势强者，伤口愈合快，一般不易出现问题。树势弱时，由于伤口面积过大，愈合时间长，易引起伤口腐烂，影响枣树的生长和寿命。因此，对伤口应加以保护。首先要用刀或剪削平锯口和剪口，使皮层边缘呈弧形。然后用2%硫酸铜或5波美度的石硫合剂进行伤口消毒。最后涂上保护剂，预防伤口腐烂，并促其愈合。其保护剂可利用桐油、铅油和接蜡等。蜡油的配方是：松香800克，油脂100克，酒精300克，松节油500克。最简单的方法，是把大伤口边缘用油漆涂住。

2. 病疤的治理 如枣树干出现病疤，则要先用刀刮除病皮，露出健康组织，再把刮口的边缘用刀削平整，然后用福美砷等药剂涂抹病斑，并用胶状泥巴加以包裹，促其愈合。

3. 树洞的修补 枣树时常发生“破肚”现象，或由于其他原因造成树洞。对于这些破口和树洞，应及时补堵，以防止扩大，损坏树体。补洞的方法是：将洞内腐烂木质清理出来，刮去洞口边缘的死组织，然后用药剂消毒，并填补树洞。填充物最好是水泥和小石粒(配比为1∶3)的混合物。小的洞口,也可用木楔钉入树洞填平。补洞后,可以保护伤口或加速其愈合。

(五)风折枝的处理

遇到大风刮折树枝时,对轻伤的要及时抢救。先把树枝慢慢托起,回复原状态,之后用塑料布缠绑伤口,最后用铁丝或绳子等,将其吊、绑固定好。对于重折枝,要及时锯下,然后削平伤口,涂上保护剂。

(六)桥接和寄根接

利用桥接或寄根接,可拯救因树干及根系伤、病而造成的危弱病树。桥接,可以利用贴近树体的根蘖苗,也可用接穗桥接。寄根接,主要用来拯救根系或枝干病害造成的重病树。

思 考 题

1. 现代枣园土壤管理的模式有哪些?各有什么优缺点?
2. 怎样为枣树施基肥和追肥?
3. 请说出枣树灌水关键时期。怎么解决山地丘陵地枣树的水分需求问题?
4. 枣树生产中常采用的树形有几种,各有什么特点?
5. 怎样进行枣树幼树期间的整形修剪?
6. 怎样利用修剪技术保持和延长枣树的盛果期年限?
7. 枣树落花落果的原因是什么?怎样提高枣的坐果率?

第五章　大树高接换优

大树高接换优，是老枣园品种更新的一种方法，也是建立新枣园的一种途径。近年来，一些枣树新品种不断推出，为了调整品种结构，大树高接技术的运用越来越多。如利用酸枣资源改建枣园、金丝小枣品种内换优、金丝小枣改接冬枣和婆枣改接赞皇大枣等。

一、品种接穗的采集及处理

（一）接穗采集

接穗必须采自优良品种的健壮结果母树或采穗圃。一般应选直径在 6～10 毫米，成熟度高的 1～2 年生枣头一次枝或二次枝做接穗，以一年生枣头一次枝为最佳。接穗要求芽体饱满，无病虫害。接穗一年四季都可采集，但一般在休眠季采集，以发芽前采集为最好。

（二）接穗的处理

1. 蜡封　为了使品种接穗在贮藏期间和嫁接成活之前不失水，需要对品种接穗进行蘸蜡处理，即把接穗整个外表全部用蜡封住。封蜡前，要用修枝剪把品种接穗剪成具有单芽或双芽的茎段。

蜡封的方法是，先把石蜡放在容器内加热熔化，当蜡温升到 95℃～100℃时，将接穗蘸蜡。对接穗进行蜡封，速度越快越好。操作时，先蘸一头后，反过来再蘸另一头，使两次封蜡面相接。观察蜡层，以薄而透明为宜，如蜡层厚而发白，说明蜡温太低，应加热增温，但不能高于 105℃。可在蜡筒下坐一水盆，里面盛水，保持盆水微沸，说明蜡温正好。对大量接穗进行封蜡时，可用锅熬蜡。进行时，在笊篱上平摆一层接穗，将其迅速过蜡后，散放到苇箔上，使接穗之间互不接触。

2. 贮藏 接穗蜡封后，要进行贮藏。一般在春节前采下的接穗，蜡封后可按品种每 50～100 枝作一捆，放入塑料袋中，袋上扎孔通气，然后存入温度为 0℃～2℃的冷库中，第二年春天嫁接时将其取出。在早春到萌芽前采集的接穗，因贮藏期短，可在蜡封后用锯末保湿冷藏。若保存时间更短，则可在蜡封后将它直接放入纸箱，然后置于沙窖、地窖或冷室等阴凉处保存。

二、嫁接工具和材料

用作大树高接换优的工具及材料，主要有高梯、手锯、手剪、嫁接刀、接穗袋、接条（缠绑接口的塑料条）及塑料片（25 平方厘米、49 平方厘米、100 平方厘米的各准备一些）等。这些都要在对大枣树进行高接换优之前，一一准备妥当。

三、嫁接时期

选择合适的嫁接时期，是枣树大树高接换优成功的重要环节。实施嫁接的时期合适，不仅可以提高高接换优的成活率，而且可以促进嫁接品种的生长，使高接大树早日恢复树势，并提早开花结果。嫁接时期过早或过晚，都不能收到上述的效果。生产实践经验表明，嫁接时期一般在萌芽前后的 3～4 周为好。

四、砧树的清理

高接前，先要对大树做适当的清理，并选好嫁接的部位。一般按一定的树形，选留出主、侧枝位置，在主、侧枝适当部位进行回缩。回缩时，一般留 25～30 厘米长，去除所有二次枝和不必要的枣头。为了使高接树尽快恢复产量，可以考虑在主侧枝上尽量多保留一些结果枝组的位置，枝条留 10 厘米左右长后短截或回缩。

去完枝后，用刀或剪对锯口部位进行修整，使锯口不留毛茬。之后准备嫁接。

五、嫁接方法

进行大树高接换优，常用的嫁接方法有插皮接、劈接、腹接、切接和“T”形带木质部芽接等。

(一)插皮接

插皮接，又称皮下接(图 19)，适于粗度较大的主侧枝的高接。其优点是，方法简便，成活率高。接穗的削法是，在接穗下部芽眼或枣股背面下刀，向下斜削成马耳形的平直削面，削面长 3 厘米左右。再在长削面的背面，削一长 0.3～0.5 厘米的小斜面。切砧时，用刀在砧木皮层较厚、枝面较平的一侧，将皮层自上而下地纵切一道 3 厘米左右长的切口，使皮层与木质部剥离。用刀拨开接口皮层，将接穗长削面向里、尖端对正砧木切口小心插入其中，使砧穗结合紧密，接穗削面上部适当露白。然后将接合部用塑料条缠绑结实。砧木粗时，先在砧木上端用塑料片盖住，之后再用塑料条缠绑。

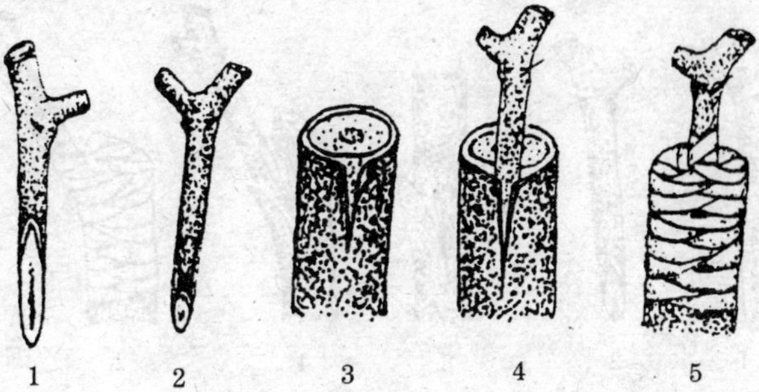

图 19　插 皮 接

1. 接穗长削面　2. 接穗长削面的背面(短削面)

3. 砧木切口　4. 插入接穗　5. 绑缚

(二)劈　接

劈接,是高接中常用的方法之一。切削接穗时直接用普通修枝剪,分两步动作完成。使其两个削面等长(约 2 厘米),或一面长、一面短(改良劈接法),一侧稍薄、一侧稍厚。接穗的削面宽度要略小于或等于砧木直径。

剪砧时,留砧高度要尽量低一些,以减少日后长出萌蘖的数量,且有利于成活。切砧时,剪锋从砧木中央切下。接穗和砧木切削好后,立即把接穗长面向里、短面向外地插入砧木,使接穗稍厚的一侧枝面与砧木枝面对齐,准确的说要使砧穗形成层对齐,即俗话说的皮(枝皮)对皮、骨(木质部)对骨。

插入接穗后,立即用塑料条把接穗和砧木接口部缠紧。至此,嫁接即告完成。

(三)腹　接

腹接,又称腰接(图 20)。主要适用于粗度 1～3 厘米的侧枝的高接。

腹接时,在砧木嫁接部位用剪斜切,深达木质部的 1/3,

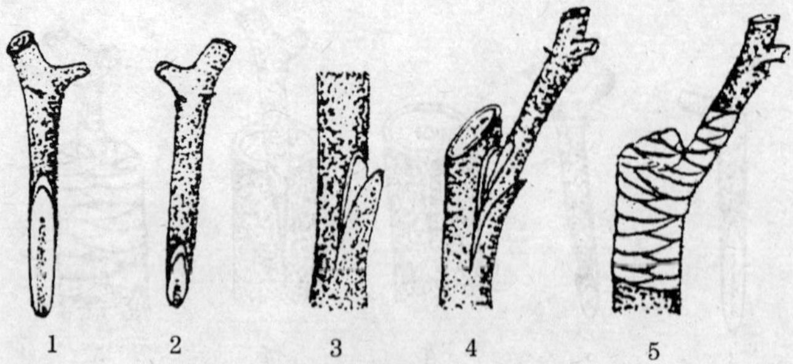

图 20　腹　接

1. 接穗长削面　2. 接穗短削面

3. 砧木切口　4. 插入接穗　5. 绑缚

切口长度要和接穗削面的长度相适应。将接穗下端一侧削成3厘米左右长的长接面，再将另一面削成长1厘米左右的短接面。削好的接穗应是一边稍薄，一边稍厚。插合时，接穗长削面朝里，短削面朝外，与砧木形成层对齐。然后在切口上方5毫米处斜向接穗方向剪平砧木，绑严接口。

(四)切　接

切接，适用于较大粗度(2～4厘米)枝的嫁接(图21)。与

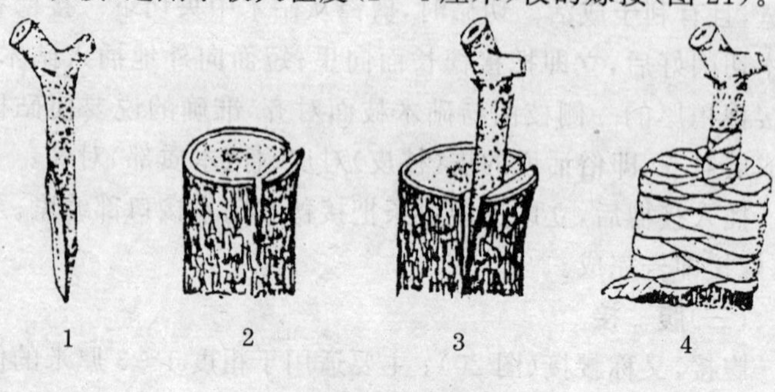

图 21　切　接

1. 接穗　2. 切开砧木　3. 插入接穗　4. 绑缚

劈接不同的是，切砧木时在砧木上剪口的一侧向下切一纵切口，长宽大体接近于接穗的削面。接穗的削法是，在下端芽眼的背下部位，向下斜削一平整的 3 厘米左右的长削面，接面的先端要达髓部。然后，再在该接面的背面，以成 30°左右角的斜度，削一短接面，长约 0.5～1 厘米，先端与长接面平齐。砧穗插合时，接穗长接面两侧的形成层要与砧木接口一侧或两侧的形成层对齐，上部露白 0.3 厘米左右。缠绑塑料条时，要使接口自上而下贴合紧密。

(五)带木质部芽接

带木质部芽接，又叫嵌芽接(图 22)。由于是利用当年生

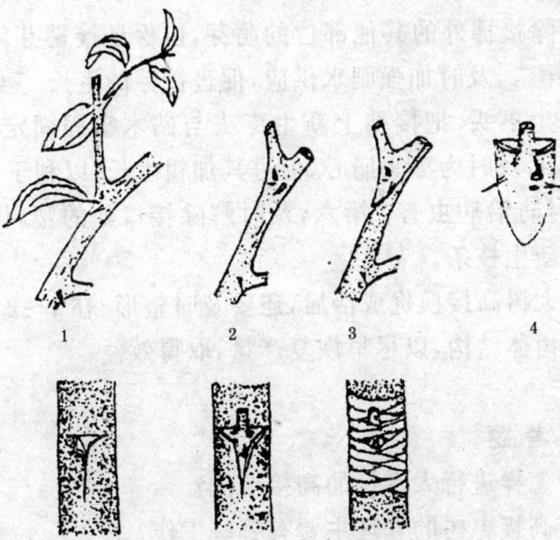

图 22　带木质部芽接

1. 嫩梢　2. 嫩梢修整　3. 削接芽　4. 接芽

5. 砧木接口　6. 插入接芽　7. 绑缚

枣头的芽体嫁接，所以可用于高接后的补接。采削接穗时，在芽体上方 2 毫米处横切一刀，深 2～3 毫米，从芽下 1.5 厘米处向上斜削，使芽片长约 1.5 厘米，宽 6～8 毫米，上平下尖，上部厚度 2.5 毫米左右，芽眼位于侧上方或正上方，带木质部。在砧木皮层光滑处切一个"T"字形接口，然后小心地嵌入芽片，使芽片上部的切口与砧木的横切口密接。最后将接口用塑料条缠紧，使芽片紧贴砧木的木质部。

六、高接树的管理

对高接后的大枣树，主要做好以下工作：第一，及时除去树体上除接穗外的其他部位的萌芽，以保证接穗芽体的营养供应。第二，及时加强肥水供应，促进接芽的生长。第三，及时扶绑新生枣头，把接穗上新生枣头与砧木牢固固定，以防风折。第四，及时为枣头摘心，促进其加粗生长，以利于整形。第五，及时防治病虫害。第六，及时解除接口处的塑料条，以防止缢伤新生枝条。

在大树高接换优成活后，还要及时整形。在 1～2 年内，要调整好树体结构，以尽早恢复产量，取得效益。

思考题

1. 怎样进行大枣树的高接换优？
2. 高接枣树的管理主要有哪些工作？

第六章　病虫害的无公害防治

病虫害防治，是枣树优质丰产的重要保证。在当前农业生态环境日益恶化的情况下，枣园病虫害越来越严重，并且不断有新的病虫种类对枣树生产构成威胁。然而，食品安全生产的要求，又促使枣果生产必须走无公害、绿色化生产的道路。因此，必须安全有效地对枣树的病虫害，进行无公害防治。

一、主要病虫害及其防治

（一）主要病害及其防治

1. 枣疯病　又名扫帚病、丛枝病。

（1）*发生与危害*　在我国各个枣区均有分布。枣树感病后，主要表现为叶片黄化，小枝丛生，花器返祖，果实畸形，根皮腐烂。幼树染病后，2～3 年后死亡；成龄枣树染病后，产量逐年丧失，树势衰弱，数年后枯死。

（2）*病原及发病规律*　枣疯病病原为植原体。一般由当年生枝条侵入。主要由昆虫传播，也可经过嫁接、扦插与根蘖苗等传播。传病昆虫主要有中华拟菱纹叶蝉、橙带拟菱纹叶蝉、凹缘菱纹叶蝉和红小闪叶蝉等。病原在地上部和根部均可越冬。第二年春季气温回升后，大量增殖使枣树发病。枣疯病与枣园环境关系很大。距侧柏林（为菱纹叶蝉主要越冬繁殖场所）越近，发病株率越高，且发病越重；山区枣树普遍较平原枣树发病率高；间作红薯、芝麻的枣园发病几率高。另据调查，同一品种，在冷凉地区栽培的枣树，发病率低于在较温暖地区栽培的枣树。同时,管理水平也影响发病率。管理粗放、树势衰弱的枣园,枣树发病重,发病率高;集约化栽培枣园发病率低。

婆枣、赞皇大枣、扁核酸和灰枣抗枣疯病能力最差,最易感病;广洋枣次之;九月青、鸡心枣发生枣疯病较轻;婆婆枣、长红枣和壶瓶枣等,抗枣疯病性较强。

(3)防治方法

① 选用抗病品种:目前河北农业大学,河北省林业科学研究院都在积极选育抗枣疯病新品种,有望在近期内推出并推广。

② 培育无病苗木:在无枣疯病的枣园中采取接穗,或者是采用组织培养法进行脱毒,培育无病苗木。

③ 加强检疫:控制病苗外运,以免扩大传播。

④ 提高枣树管理水平:注重刺吸式口器害虫,尤其是菱纹叶蝉的防治,减少传病害虫。

⑤ 减少病原:彻底刨除重病树和病根蘖,及时清除病枝。

⑥ 药物治疗:最近,河北农业大学研制出了具有杀灭病原和补充营养双重功效的祛疯1号,采用树干输液方式,对病树的治疗和康复效果显著。

2. 枣铁皮病 包括缩果病、雾抄、雾掠、黑腐病、干腰病、雾落头和褐腐病等,是枣树上目前最重要的果实病害。

(1)发生与危害 在全国各主要枣区均有大面积发生的报道。枣果感病后,初期在果肩部或腰部出现淡黄色斑块,进而变成淡黄色水渍状斑块,边缘不清。后期病斑呈暗红色,失去光泽。病果果肉由淡绿色转为土黄色,果实大量脱水,组织萎缩松软,呈海绵状坏死,进而果柄形成离层,果实提前脱落。病果瘦缩,味苦,糖分下降。

(2)病原及发病规律　对于该病的病原，学术界众说纷纭。河北农业大学研究认为，枣铁皮病，为细交链孢、毁灭茎点霉和壳梭孢属中一种真菌单独或复合侵染后，所引起的真菌病害。病原在落果、落吊、落叶、枣股及其他枝条、树皮等部位，均可越冬，由风雨传播。6月下旬至7月上旬侵染果实，白熟期开始发病，8月下旬至9月下旬条件适宜时，大量发病。一般年份，着色期是发病高峰期。该病与降雨关系密切，高温、高湿、阴雨连绵或夜雨昼晴，有利于此病流行；空气湿度大的大雾天气等也有利于发病。感病品种有灰枣、婆枣、临猗梨枣、铃枣和木枣等；抗病品种有九月青、齐头白、马牙枣和鸡心枣等。

(3)防治方法

①加强枣树管理，增强树势，提高树体抗病能力。同时，搞好果园卫生，在早春刮树皮，清扫落叶和落果等，予以集中深埋或烧毁。

②枣树发芽前，对树体喷布3～5波美度的石硫合剂；从幼果期开始，每隔1周到10天，对树冠喷布50%的多菌灵800倍液、80%大生M-45可湿粉600～800倍液等。

3. 枣炭疽病　又名枣果腐烂病。

(1)发生与危害　枣炭疽病分布于河南、山东、河北、陕西和山西等枣区，多为零星发病。本病单独难以形成大面积灾害，多与轮纹病、缩果病混合发生。枣果感病初期，在果肩或果腰出现褐色斑点。进而斑点扩大成黑色斑，斑外有淡黄色晕环。最后斑块中间产生圆形凹陷，病斑区果肉由淡绿转为褐色，组织坏死，非感病区可正常着色。枣果感病后，生长量小、果肉糖分低，品质差，味苦。

(2)病原及发病规律　枣炭疽病的病原菌，属真菌门半知菌亚门、盘长孢属的果生盘孢菌。病原可在枣头、枣股、残留枣吊、僵果及枣叶上越冬，经风雨传播。侵染枣果后不立即表现症状，潜伏期的长短与气候条件有关。若雨季早、雨量多、多雾或阴雨绵绵，枣林间空气的相对湿度在90%以上时，发病早且重。

(3)防治方法

① 搞好果园卫生：清扫枣林中的枯枝、落叶和烂枣，并集中烧毁或掩埋，以减少越冬病源。

② 加强枣园管理：增强树势，提高树体抗病能力。

③药物防治：结合防治枣炭疽病，7月下旬喷布波尔多液兼防炭疽病菌侵染枣果；8月上旬至9月初喷施12%绿乳铜700～800倍液2～3次，10～15天喷一次。

4. 枣锈病

(1)发生与危害　我国各大枣区均有发生，是枣树主要病害之一。该病主要侵害枣叶。感病叶片初期背面散生或聚生凸起的土黄色夏孢子堆。孢子堆大小不一，形态各异，多生在中脉两侧、叶尖和叶片基部。在叶片正面对着背面孢子堆的地方，出现无规则淡绿色斑点，进而成为灰褐色角斑。感病后，叶片发黄，形成离层，早期脱落。落叶先从树冠下部开始，逐渐向上蔓延，严重时可使枣叶全部落光，只留瘦小绿果挂在枣吊上，后失水皱缩，不红即落，严重影响枣树当年的产量和生长发育。

(2)病原及发病规律　枣锈病的病原菌，属真菌中的担子菌纲、层锈菌属、枣层锈菌。病原菌主要以夏孢子堆在病落叶上越冬，病菌也可以多年生菌丝在病芽中越冬。病原菌夏孢子借风雨传播。该病的发生与大气相对湿度密切相关，7～8月份连阴多雨，该病必然大流行。若7～8月份降水量少于150毫米，发病就轻；若降水量达250毫米以上时，发病就重；若降水量在350毫米以上时，则锈病将大流行。据调查，低洼地、水浇地、黏土地及沟谷枣林，比砂岗地上的枣林发病早且较重。

不同品种对枣锈病的抗性也不同。感病品种有婆枣和鸡心枣，其次为灰枣、灵宝大枣和金丝小枣等；抗病品种有九月青、齐头白、核桃纹和赞皇大枣等。

(3)防治方法

①加强枣园冬季管理：清除落叶，并集中烧毁，以消灭越冬病原菌。

②化学防治：在重病区，应于7月上中旬、8月上旬各喷一次1∶2∶200倍量式波尔多液，或绿得保500～800倍液、12%绿乳铜700～800倍液。轻病区，在8月上旬，只要喷一次上述任何一种药液，即可收到较好的防治效果。

5. 枣焦叶病

(1)发生与危害　该病分布在我国河南、内蒙古、甘肃、安徽和浙江，尤其是河南省新郑枣区发病最为严重。枣树叶片感病后，首先出现灰色斑点，局部叶绿素解体，进而病斑变为褐色，周围为淡黄色，病斑中心组织坏死，最后病斑连接，形成焦叶，呈黑褐色。枣吊感病后，中后部枣叶由绿变黄，不枯即落。枣吊上有间断的皮层坏死，呈褐色。多数枣吊由顶端叶片首先感病，并逐渐向下枯焦，重病树病枣吊率可达60%以上，远看像"火烧"一般，坐果率低，落果严重，有的甚至绝收，严重影响红枣的产量和质量，是枣树主要病害之一。

(2)病原及发病规律　枣焦叶病病原菌属真菌中的半知菌亚门、黑盘孢目。枣焦叶病的发生与流行，同气温、大气湿度密切相关。据观察，在5月中旬，枣林间平均气温为21℃，大气相对湿度为61%时，越冬的病原菌开始危害新生枣吊；6月中旬，平均气温为25℃左右，林间病叶量上升到1%；7月份气温在27℃左右，大气相对湿度在75%～80%时，病原菌开始大流行，此时也是发病的高峰期。

一般情况下，天气干旱，枣园土壤含水量低，土壤贫瘠者，其枣树的发病枝率高；枣园为水浇地，土壤肥沃的，其枣树则发病率低。枣树焦叶病病原菌是弱寄生菌，凡是树冠内枯枝、死枝较多，尤其受天牛危害重、树势较弱的枣树，其发病率高且重；反之，树势较旺的枣树，发病率较低且轻。

枣树因品种不同，对焦叶病的抗性差异较大。一般鸡心枣最易感病，灰枣次之，九月青比较抗病。

(3)防治方法

①搞好枣园卫生：清除焦枝落叶或萌芽后剪除未萌发的枯枝，并集中焚烧，以减少传染源。

②加强枣树管理：增强树势，提高树体抗病能力。

③ 药物治疗：在发病期(6月中旬至7月下旬)，每隔15天1次，连喷2～3次叶枯净500倍液，即可有效控制病害的发生与流行。

(二)主要虫害及其防治

1. 桃小食心虫 又名桃蛀果蛾、食心虫、钻心虫和桃小，属鳞翅目，蛀果蛾科(图23)。

(1)发生与危害 该虫在我国分布比较广泛，华中、华北、华东、西北和东北等地区，均有发生，尤其以华北和西北枣区受害最重，是枣树上最主要的害虫之一。以幼虫蛀食方式危害枣果。幼虫蛀果后，从蛀果孔流出点状胶质，随后伤口愈合，形成褐色圆形斑点，斑点进而凹陷。越冬代害虫为害，造成大量落果，果实瘦小，无果肉，晒干后枣农俗称其为“干丁枣”。第一代或第二代幼虫危害枣果后，枣果一般不脱落，幼虫在果内潜食，排粪于果实内和枣核周围，不堪食用，造成严重损失，降低

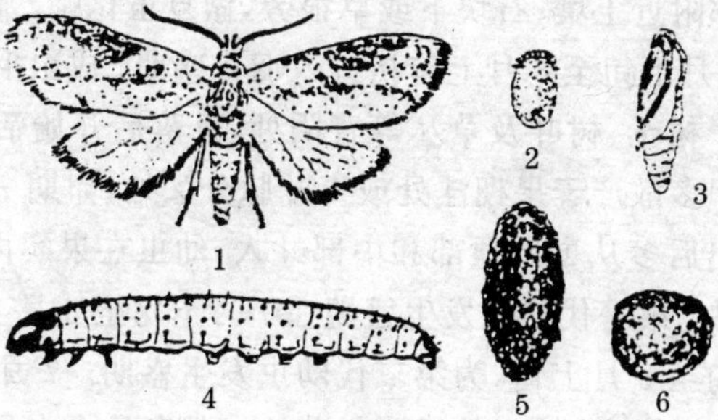

图 23　桃小食心虫

1. 成虫　2. 卵　3. 蛹　4. 幼虫　5. 冬茧　6. 夏茧

枣果的商品价值。

(2)形态特征

①成虫：为灰白色或浅灰褐色小蛾子，体长 5～8 毫米，翅展 13～18 毫米。前翅前缘近中部有一蓝黑色近三角形斑块，翅基部及中央部分具有黄褐色或蓝褐色的斜立鳞毛，后翅灰白色。雄蛾触角两侧有茸毛，下唇须短，弧形。雌蛾触角两侧有茸毛，下唇须长而直。

②卵：椭圆形或桶形，初产时淡红色，逐渐变为深红色，卵壳上具椭圆形刻纹，顶部环生 2～3 圈"Y"字状刺毛。

③幼虫：初龄幼虫浅白色、头褐色。老龄幼虫桃红色，体长 14～16 毫米，前胸背板暗褐色，无臀栉。

④蛹：被蛹，长纺锤形，体长 7～9 毫米，黄褐色，体壁光滑无刺，翅足及触角端部不紧贴蛹体而游离。

⑤茧：分为冬茧和夏茧。冬茧，扁圆形，质地紧密；夏茧，纺锤形，质地疏松，一端有羽化孔。

(3)生活习性　一年发生 1～2 代，以老熟幼虫在土中结冬茧越冬，第二年 5 月中旬～7 月中旬出土。幼虫出土后，在树干基部附近土壤、石块下或草根旁，做夏茧化蛹，蛹期为9～15天。7月下旬至8月上旬初进入羽化盛期。成虫羽化后，白天潜伏于树干、树叶及草丛等背阴处，日落后开始活动，交尾产卵。卵多散产于果梗洼处或枣叶脉分叉处，卵期7～10天。幼虫孵出后多从枣果顶部和中部蛀入，幼虫在果实内生活17天后老熟。第一代幼虫发生盛期在7月下旬至8月上中旬。8月中下旬至9月上旬，为第二代幼虫发生盛期。7月下旬至9月中下旬，幼虫陆续老熟后脱果落地。越冬幼虫在果园内，多集中于树冠下距树干0.3～1米范围内的土里，结“冬茧”越冬。冬茧在土中的分布情况是愈接近地表密度越大，一般分布于0～10厘米深的土层内，以5厘米左右深处分布最多，11～20厘米处很少。可世代重叠。

(4)预测预报

① 越冬幼虫出土期预测：在树冠下5～6厘米深处，埋入一定数量的桃小食心虫冬茧，并用笼罩好。从5月上旬开始，逐日检查出土幼虫数量。当出土幼虫达5%时，开始进行地面施药防治。

② 成虫或幼虫发生盛期预测：采用性诱芯诱集雄蛾的方法，在成虫发生期(6月中下旬)，于枣林间每隔100米挂一个人工合成性诱剂诱芯，诱芯距地面1.5米，诱芯下面吊置一个盛有1%洗衣粉水溶液的碗，或其他广口器皿。每天早上检查诱蛾数量，诱蛾发生高峰期过后7～10天，是幼虫发生盛期，也是喷药防治的最佳时期。

(5)防治方法

① 农业防治措施：结合冬季挖树盘，翻动树干周围1米范围内的土壤，将冬茧翻到地表，以冻死越冬虫茧。

② 引诱防治：6月中下旬，在枣林间悬挂人工合成桃小

性诱剂诱芯，诱杀雄成虫，并具有干扰交配的作用。

③ 人工防治：7 月中旬至 8 月中旬，捡拾越冬代桃小食心虫危害的枣果，予以集中销毁，可消灭大量的第一代幼虫。

④ 化学防治：在 5 月下旬至 7 月上旬，在树冠下地表喷药；根据虫情测报，在桃小食心虫发生高峰期，对树冠喷施 25%灭幼脲 3 号 1 000～1 500 倍液，或菊酯类农药 2 000～3 000 倍液，均可取得较好的防治效果。

2. 枣尺蠖 又名枣步曲、顶门吃、弓腰虫。属鳞翅目，尺蠖蛾科。

(1)发生与危害 在我国各大枣区均有分布，是枣树主要叶部害虫之一。以幼虫取食枣叶为害。枣芽萌发吐绿时，初孵幼虫开始危害嫩芽，取食嫩叶。随着虫龄的增大，食量随之增加，将叶片吃成缺刻，严重的可将枣叶和花蕾，甚至枣吊，全部吃光，导致二次萌芽，有时连二次萌芽也被其危害，从而削弱树势，造成枣树大量减产，甚至绝收。它不但影响枣树当年的产量，而且妨碍枣树来年的结果。

(2)形态特征

①成虫：雄蛾虫体灰褐色，体长 12～14 毫米，翅展 35 毫米，头小，具长毛，混有鳞片。触角羽毛状，复眼球状，褐色。喙短，下唇须具长毛，胸部粗壮，密被长毛及磷片，前翅有两条褐色波纹，后翅中部有一黑色波纹状横线。腹部背面棕褐色，密生刺毛和鳞片。雌成虫灰褐色，触角丝状，喙、翅均退化，下唇须具短毛，胸短粗，足 3 对。腹部密生刺毛和鳞毛。产卵器细长，管状，可缩入体内。

②卵：圆球形，具光泽，初产出时灰绿色，后逐渐变为淡绿色，孵化前变成紫黑色。

③幼虫：共 5 龄。1 龄幼虫，虫体黑色，各节背面有 1 条白

色横纹，共5条；2龄幼虫深绿色，有7条白色纵条纹；3龄幼虫灰绿色，有13条白色纵条纹；4龄幼虫灰褐色，有13条黄色与灰白色相间的纵条纹；5龄幼虫灰褐色或青灰色，有25条灰白色纵条纹。胸足3对，腹足、臀足各1对。

④蛹：被蛹，纺锤形，紫褐色，体长约15毫米。雌蛹大，雄蛹小。从蛹体上触角形状是羽毛状还是丝状，可判断出是雄蛹还是雌蛹。

（3）生活习性　一年发生1代，有极少数是两年1代，以蛹在树冠3～20厘米深的土壤中越夏过冬。越接近树干，其分布密度越大。第二年3月上中旬至5月上旬，为成虫羽化期，羽化盛期在3月下旬至4月中旬。成虫羽化后，雄蛾飞到树干背阴面静伏，傍晚飞翔，寻找雌蛾交尾。雌蛾将卵成块产于树干、主枝老翘皮缝内，产卵量为1000～1200粒。卵期15～30天。枣芽萌发时幼虫开始孵化，孵化盛期在4月下旬至5月上旬。1～3龄幼虫危害较轻，喜分散活动，遇惊吓有吐丝下垂习性，借风力传播蔓延。幼虫随着虫龄的增长而危害增大。幼虫具假死性和趋化性。

（4）防治方法

① 农业措施：结合枣树冬季管理，深翻枣园或挖树盘，消灭越冬虫蛹。

② 人工防治：在幼虫发生盛期（4月下旬至5月上旬），利用其假死性，以木杆击打枣树，使幼虫落地，予以人工捕杀或毒杀。

③ 物理防治：采用长效杀虫药带防治枣尺蠖。惊蛰前，在树干中下部光滑处，绑5厘米宽的塑料带，下缘内折，在害虫出蛰期（3月中下旬），在塑料带下缘涂0.5～1厘米宽的长效尺蠖灵软膏，以毒杀上树的雌虫和初孵幼虫。

④化学防治：4 月下旬至 5 月上旬，于树冠喷施 5%高效顺反氯氰菊酯 1500～2000 倍液、灭幼脲 3 号 1500～2000 倍液，均可取得较好防治效果。

⑤ 生物防治：保护天敌，利用益鸟、益虫自然控制害虫，降低该虫的虫口密度。

3. 枣食芽象甲 又名小白象、枣飞象、枣灰象和芽门虎，属鞘翅目、象甲科（图 24）。

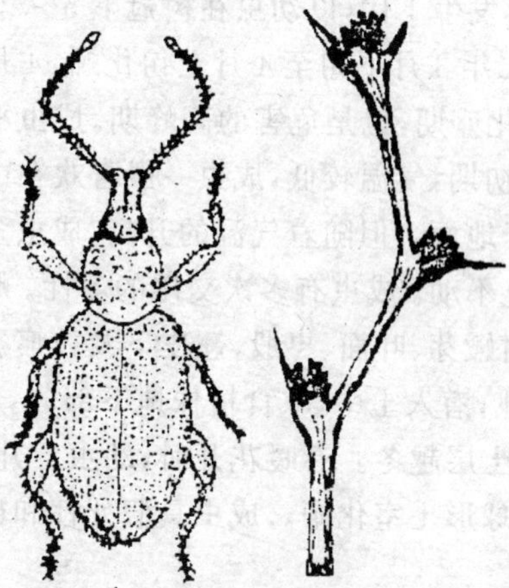

1　　　　2

图 24　枣食芽象甲

1. 成虫　2. 被害枝

（1）发生与危害

主要分布于河南、河北、陕西、山西、甘肃和辽宁等省的枣区，是枣树上出现最早的叶部害虫之一。以成虫取食枣树的嫩芽。严重时能将嫩芽全部吃光，长时间不能正常萌发，枣农俗称它为“迷芽”，造成二次发芽，大量消耗树体营养，导致枣树开花结果推迟，结“末喷枣”，产量低，质量差。幼叶展开后，成虫继而食害嫩叶，将叶片咬成半圆形或锯齿形缺刻。

（2）形态特征

①成虫：体深灰色或土黄色，长 4.5～4.7 毫米。头黑色，触角棒状，棕褐色，头宽喙短，喙宽略大于长，头部背面两复眼之间凹陷。前胸背板棕灰色，鞘翅卵圆形，长约是宽的两倍，有

纵列刻点，有纵沟 10 条和散生褐斑。足腿节无齿，爪合生。

②卵：长椭圆形，较小，初产时乳白色，表面光滑有光泽，后变为棕色。堆生。

③幼虫：弯纺锤形，无足。前胸背板淡黄色，胴部乳白色，头部褐色。

④蛹：裸蛹，纺锤形。初期乳白色，后渐变为淡黄色至红褐色。

(3)**生活习性**　一年发生 1 代，以幼虫在树冠下 5～50 厘米深的土壤中越冬。第二年 3 月下旬至 4 月上旬化蛹。4 月中旬至 5 月上旬是成虫羽化盛期，也是危害的高峰期。成虫羽化后，即取食幼芽。在羽化初期，气温较低，成虫一般喜欢在中午取食为害，早晚多静伏于地面。但随着气温的升高，成虫多在早晚活动为害，中午静止不动。成虫有多次交尾的习性。雌虫白天产卵，卵多产于枣树嫩芽、叶面、枣股、翘皮下及枝痕裂缝内。幼虫孵化后坠落于地，潜入土中，取食植株地下部分。9 月份以后，入 30 厘米深处土层越冬。春暖花开时，幼虫上升，在土层 10 厘米以上处，做球形土室化蛹。成虫具假死性和群集性。

(4)**防治方法**

①人工防治：在成虫羽化期，于早晨趁露水未干时，以杆击枣树 2～3 次，利用该虫假死性，人工捕杀或毒杀落地成虫。

②物理防治：成虫出土前，在树上绑缚长效杀虫药带，结合防治枣步曲，阻止或毒杀上树的枣食芽象甲成虫。

③化学防治：成虫出土前在树干周围喷施 48%乐斯本乳油 300～500 倍液，52.25%农地乐乳油 400～600 倍液，均有较好防治效果。成虫上树后，可喷施 4.5%高效氯氰菊酯乳油 1 500～2 000 倍液，进行防治。

4. 枣粘虫 又名卷叶虫、卷叶蛾、包叶虫、粘叶虫等，属鳞翅目、小卷叶蛾科。

(1)发生与危害 该虫分布广泛，是枣树叶部重要害虫之一。以幼虫危害枣树的芽、叶与花，并蛀食枣果。枣树展叶时，幼虫吐丝缠缀嫩叶，躲在其内食害叶肉，轻则将叶片吃成大小缺刻，重则将叶片吃光。枣树开花期，幼虫钻在花丛中吐丝缠缀花序，食害花蕾，咬断花柄，造成花枯凋落。幼果期，幼虫蛀食枣果，造成幼果大量脱落。虫口密度大的枣园，暴发成灾，使枣树如同火焚一样，造成绝收。

(2)形态特征

①成虫：黄褐色，体长 6～8 毫米，翅展 14 毫米。触角丝状，黄褐色。头小，复眼暗绿色。前翅褐黄色，前缘有黑褐色短斜纹 10 余条，翅面中央有黑褐色纵纹 3 条；后翅灰色，缘毛细长。足黄色，跗节有黑褐色环纹。雌雄外形近似，主要区别点在于腹部及末端的生殖器，雌蛾一般腹部细长，腹面灰黑色，外生殖器的产孵瓣扁平，有囊突两枚，呈三角形，下凹。雄蛾外生殖器的抱器瓣狭长，尾突发达，多毛而下垂。

②卵：椭圆形，表面有网状花纹。初产出时为乳白色，半透明，后变为黄色和红色，孵化前变成近橘红色。

③幼虫：共 5 龄。初龄幼虫头部大，黑褐色，胴体黄白色，取食后逐渐呈绿色。老熟幼虫头部赤褐色，有黑褐色花斑，前胸背板分为两片，两侧与前足之间各有赤褐斑两个，腹末端背面有“山”字形赤褐色斑纹。具臀栉，臀足为双序带。

④蛹：纺锤形，被蛹。在白色薄茧中，初时为绿色，后成赤褐色，腹部各节前后缘各有一锯齿状刺突，末端有 8 根长毛状臀刺。

(3)生活习性 该虫因地区的不同，其一年中的发生代数差别较大。在山东、山西、河南、河北和陕西等省，一年发生 3 代；在江苏和安徽等省，一年发生 4 代；在浙江省，一年发生 5 代。世代重叠，均以蛹在枣树主干粗皮裂缝内越冬。第二年3～4 月份成虫羽化。成虫白天潜伏于枣叶背面或间作物、杂草上，傍晚和黎明活动，交尾产卵，卵多产于 1～2 年生枝条和枣股上。第一代幼虫期 23 天，发生在萌芽展叶期；第二代幼虫期 38 天，发生在花期；第三代幼虫期 53 天，发生在幼果期。一年发生 5 代的地区，第四代发生在枣果采收期，第五代发生在落叶前期。该虫多在叶苞内做茧化蛹，越冬代多在树皮缝中化蛹。成虫具趋光性和趋化性，对性诱剂敏感。枣粘虫的各代发生期的早晚受气温的影响。据调查：越冬代成虫羽化比较适宜的温度为 16℃左右，低于 16℃时则羽化推迟。雌蛾产卵最适温度为 25℃，气温在 30℃以上时，不适于产卵，产卵量相对也减少。一年发生 3 代的地区，以第二代卵量最多，第三代卵量最少。另外，若 5～7 月份阴雨连绵，温湿度较大，则该虫容易暴发。

(4)预测预报　从 3 月上中旬开始，在枣林间每隔 100 米挂一个诱捕器，逐日统计诱蛾数量，准确得出各代成虫的始期、盛期和末期。然后，根据成虫发生时期，推算出幼虫发生盛期。成虫发生高峰期与幼虫发生盛期一般期距为 16～18 天。

(5)防治方法

① 人工防治：结合枣树冬季管理，刮除老翘树皮，并集中烧毁，以消灭越冬蛹。或秋季在枣树主枝基部绑草绳，诱虫在草绳上化蛹，然后集中烧毁。

② 物理方法：在成虫发生盛期，利用其趋化性和趋光性，用黑光灯和糖醋液诱杀。由于雄虫对性诱剂敏感，可用性诱剂诱杀。

③ 化学防治：在幼虫发生盛期，于树冠喷施4.5%高效氯氰菊酯1 000～2 000倍液等，可取得较好的防治效果。

5. 枣瘿蚊 又名枣芽蛆、卷叶蛆和枣蛆，属双翅目，瘿蚊科。

(1)发生与危害 该虫分布于全国各枣区，以山东、山西、河南、河北和陕西五大枣区危害最为严重，是枣树叶部主要害虫之一。以幼虫吸食枣树嫩叶汁液为害。枣瘿蚊的雌成虫，产卵于未展开的嫩叶空隙中，幼虫孵化后，即吸食嫩叶的汁液。叶片受刺激后两边纵卷，幼虫藏于其中为害。叶片受害后变为筒状，幼嫩叶会变得色泽紫红，质硬而脆，不久即变黑枯萎。一般以苗圃地苗木、幼树受害较重。

(2)形态特征

①成虫：成虫体似蚊，为橙红或灰褐色。复眼黑色，肾形。头胸灰褐色，触角灰黑色，念珠状。腹背隆起，黑色。腹部、胸背有3块黑褐斑。前翅半透明，椭圆形；后翅退化成平衡棒。足3对。雌虫腹部大，腹面黄白色或橙黄色，共8节。第一至第五节背面有红褐色带。雄虫体小，灰黄色，腹节狭长，共9节。触角发达，长过体半。外生殖器灰色，由生殖突基节和端节合成，近于环形。阳具末端呈"山"字形。

②卵：近长圆锥形，半透明，有光泽，一端稍狭，初产出卵为白色，后变为红色。

③幼虫：乳白色，蛆状，无足，有明显体节。

④蛹：裸蛹，纺锤形。初期为乳白色，后变为黄褐色。雌蛹足短于腹节，雄蛹足达腹末。

⑤茧：长椭圆形，灰白色，外附土粒。

(3)生活习性 在华北枣区，该虫一年发生5～7代，以老熟幼虫在浅土层中结茧越冬。第二年4月份成虫羽化，产卵于刚萌动的枣芽上。5月上旬为其危害盛期，第一至第四代幼虫发生盛期，分别为6月上旬、6月下旬、7月中下旬和8月上中旬；8月中旬开始产生第五代幼虫。除越冬幼虫外，幼虫期和蛹期平均为10天。幼虫越冬茧入土深度，因土壤种类而不同。黄土地，多在离地面2～3厘米处；砂土地，则在3～5厘米处。最适宜的发育温度为23℃～27℃。另外，5月份若干旱少雨，则该虫发生较迟。

(4)防治方法

① 农业防治措施：结合枣树冬季管理，翻挖树盘，消灭越冬虫茧。

② 化学防治：在越冬成虫羽化前或老熟幼虫入土前，进行地面封闭，在树冠下喷施50%的辛硫磷300倍液，喷后浅耙，可杀死出土幼虫或老熟幼虫。树冠喷药防治，在幼虫危害高峰期，喷施52.25%农地乐乳油1 500～1 800倍液，或48%的乐斯本乳油1 200～1 500倍液，均可取得较好防治效果。

6. 黄刺蛾 别名洋辣子、刺毛虫，属鳞翅目，刺蛾科。

(1)发生与危害 该虫在我国分布比较广泛，除贵州、西藏尚未见报道外，几乎遍及我国各个枣区。以幼虫为害，食性杂。初龄幼虫多在叶片背面取食叶肉，留叶脉和上表皮，形成圆形透明的小斑。严重时，能将叶片吃成网状或将叶片吃成缺刻或孔洞，甚至只留叶柄及三主脉，严重影响树势和枣的产量。

(2)形态特征

①成虫：体长13～16毫米，翅展30～34毫米，为中型褐色蛾子。头较小，触角丝状。头、胸、背均为黄色，腹背黄褐色。前翅内半部黄色，外半部为赤褐色，中部有两条暗褐色斜纹，在翅尖汇合，呈倒“V”字形，后翅黄色或赭褐色。

②卵：扁椭圆形，淡黄色，卵膜上有龟状刻纹。

③幼虫：老熟幼虫头小，黄褐色。胸部黄绿色，身体背面有一个大型的前后宽、中间细的紫褐色斑和许多突起枝刺。

④蛹：椭圆形，淡黄褐色，肥胖。头、胸背面黄色，腹部各节前面有褐色背板。

⑤茧：椭圆形，质坚硬，灰褐色，有长短不一的灰白色纵条纹。

(3)生活习性　此虫在我国寒冷地区(如辽宁、陕西等)一年发生1代，而在其他地区一年发生2代，均以老熟幼虫在茧内越冬。茧多附着于枣枝顶部或枝杈间。6月上中旬出现成虫，成虫多于夜间活动，趋光性不强，白天静伏叶片背面。卵多产于叶片背面，块产或散产。卵期7～10天。幼虫于7月上旬至8月中旬发生危害。初龄幼虫有群集性，多集中为害。第一代幼虫6月中旬孵化，7月份是危害盛期。8月份是第二代幼虫危害盛期。其毒刺可分泌毒液。

(4)防治方法

①人工防治：这是目前防治黄刺蛾主要采用的方法。结合冬季修剪和起苗，剪除树枝或枣苗上的越冬虫茧，以消灭越冬虫源。只要坚持人工防治，黄刺蛾就不会造成大的危害。

②化学防治：在幼虫发生期，可用菊酯类农药2 000～3 000倍液，对树冠喷雾，予以毒杀。

③生物防治：黄刺蛾的天敌主要有上海青蜂和黑小蜂等，可加以保护和利用。

7. 枣龟蜡蚧　又名日本龟蜡蚧、介壳虫和枣虱，属同翅目，蜡蚧科。

(1)发生与危害　该虫分布广泛，在辽宁、内蒙古、河南、河北、山西、山东、陕西、安徽、湖南、湖北、江苏、江西、浙江、福建、四川、广东和台湾等地的枣区，均有不同程度的发生。以若虫、雌成虫吸食枝、叶、果中汁液为害，使被害植株生长缓慢或停止生长。同时，该虫分泌大量糖质状排泄物，引起霉菌寄生，导致枣树枝叶果布满黑霉，严重影响光合作用，破坏叶内新陈代谢的过程，从而妨碍枝条、果实的正常发育，引起早期落叶，幼果早落，树势衰弱，严重时可导致植株部分或整株枯死。该虫是枣树叶部主要害虫之一。

(2)形态特征

①成虫：雌成虫圆球形，淡红色，外被蜡壳近似龟甲，背部隆起，有7个龟形纹刺突。触角鞭状，复眼明显，足、喙均发达，刺吸式口器。雄成虫体棕褐色，头胸背板色较深，翅白色透明，具两条明显刺脉，基部分离。

②卵：椭圆形，初产出时淡黄色，后变为深红色，近孵化时为紫红色。

③若虫：虫体扁平，椭圆形，淡红色。触角丝状，复眼黑色。若虫靠风力传播。孵后不久，背部开始出现白色蜡点。此后，雌雄若虫形态分化。雌若虫背部微隆起，周边出现7个圆突，形似龟甲；雄若虫蜡壳长椭圆形，似星芒状。

④蛹：仅雄虫在介壳下化蛹，假裸蛹，棕褐色，椭圆形。

(3)生活习性　该虫一年发生1代，以受精的雌成虫在一二年生枝上越冬，以1年生枝上为最多。第二年4月份树液开始流动时，越冬雌虫开始吸食汁液，虫体迅速膨大。雌成虫5月上中旬开始产卵，6月上旬为产卵盛期，卵期为15～20天。6月下旬孵化幼虫，7月上旬为孵化盛期。雄虫8月中旬化蛹，9月上旬进入盛期。雌虫8月下旬开始转枝为害，9月上旬为转枝盛期。成虫羽化后，爬出蜡壳，白天活动，飞翔交尾、产卵，夜间静伏叶背面。雄虫有多次交尾习性，具趋光性。雌虫交配后，由叶片向枝条转移。转枝以白天为主，并在中午前进行。雄虫不转枝。

(4)防治方法

①人工防治：结合冬季修剪，人工刮除枣树低处枝上的越冬雌成虫，或剪除虫量较大的枣枝，并集中烧毁，以消灭越冬虫源。也可在冬季结冰时，用木棍敲击树枝，将越冬雌成虫连同冰块一起击落，予以消灭。

②化学防治：根据虫情测报，在虫卵孵化盛期喷施15%蓖麻油酸盐碱800～1 000倍液；若已形成蜡壳，则可喷施40%速扑杀2 000～3 000倍液。这两种药液防治效果均好。

③生物防治：枣龟蜡蚧的天敌主要有瓢虫类和草蛉类捕食性天敌昆虫，以及小蜂类和霉菌类寄生性天敌。保护和利用这些天敌，对该虫有显著抑制作用。

8. 枣瘿螨 又名枣壁虱、枣叶壁虱和枣锈壁虱，属蜱螨目，瘿螨科。

(1)发生与危害 该虫在我国分布比较广泛，尤其以在河南、河北、山西、山东、甘肃、宁夏、安徽和浙江等地的枣区，危害最为严重，是枣树叶部主要害虫之一。以成虫、若虫危害叶片、花蕾、花及果实。枣叶被害后，叶片基部和沿叶脉部位，首先出现轻度灰白色，严重时，叶缘枯焦，早期脱落。花蕾及花受害后，逐渐变褐，干枯凋落。果实受害后，一般多在梗洼和果肩部的被害处出现银灰色锈斑，或形成褐色“虎皮枣”，即果皮粗糙不平。这是枣壁虱危害后留下的微伤口愈合组织。轻者影响果实正常发育，重者可导致枣果凋萎脱落。枣叶受害后呈灰白色，光合速率明显降低，光合产物大幅度减少，严重影响树体的生长和枣果的发育。

(2)形态特征

①成螨：体小，似胡萝卜状。初为乳白色，后变为淡黄色。

半透明，具光泽。头胸部肘节 2 对，螯肢 1 对，短粗。触肢 1 对略长，附肢上有感觉毛。喙针状，前肢体段背板呈三角形，其上网纹带有颗粒线纹。腹部上有许多明显突起的横纹，环纹上带有许多微瘤。末端有尾毛 2 根，生殖孔在胸部腹面足基后方。

②若螨：体形与成螨相似，但略小，初孵出时为白色，半透明。

③卵：圆球形，乳白色。表面光滑透明，其上有网状花纹。

(3)生活习性　该虫世代数因地理位置不同而差异较大。在河南新郑枣区，一年发生 8～10 代；而在山西晋中地区，一年发生 3～4 代，世代极不整齐。以成螨或若螨在枣股鳞片或枣枝皮缝中越冬。第二年 4 月中下旬枣芽萌发时，越冬螨开始出蛰活动，危害嫩芽。展叶时，多群居于叶背基部或主脉两侧刺吸汁液。虫口密度大时，分散布满整个叶片、花蕾、花和幼果，尤其是枣头顶端生长点更为严重。5 月下旬、6 月上中旬、6 月下旬和 7 月上中旬，均为该虫危害高峰期。据调查，气温高或气温相对较低时，不利于该虫的发育。该虫有借风力迁移的习性。

(4)防治方法

① 人工防治：结合枣树冬季管理，刮除老翘树皮，并集中烧毁，以消灭越冬虫源。

② 化学防治：枣树发芽前，喷 5 波美度的石硫合剂，对枣股中越冬螨有一定的控制作用。5 月下旬，根据虫情测报，当叶平均螨量在 0.5 头以上时，喷施 50%硫悬浮剂 300～500 倍液，可控制该虫危害；虫口密度大的枣树，可连喷 2～3 次，每隔 10～15 天喷一次。

9. 绿盲椿象　又名牧草盲蝽，属半翅目，盲椿象科。

(1)发生与危害　分布于黄河和长江流域枣区。以若虫危害枣树幼芽、嫩叶及花蕾。以成虫和若虫危害叶片、花蕾、花及果实。被害叶片先出现枯死小点，进而变成不规则的小洞，俗称“破叶疯”。受害花蕾停止发育而枯落，严重时几乎全树无花开放。

(2)形态特征

①成虫：体长约 5 毫米，体黄绿至浅绿色。前胸前缘广，上有细微小刻点。前翅基部革质，绿色，端部膜质，灰色。

②若虫：初孵若虫短而粗，体长 0.9～1.2 毫米。虫体浅黄色，取食后变为黄绿色。3 龄后有翅芽，体长 3.8 毫米左右。5 龄虫体色鲜绿，翅芽端部黑色。

③卵：长约 1 毫米，长形，稍弯曲，端部尖，中前部粗，黄绿色。

(3)生活习性　在山东和河北地区，该虫一年大多发生 4 代，少数 5 代。在江苏，一年发生 5 代。以卵在枣芽鳞片中越冬，以极少数卵在树下杂草茎上越冬。4 月中下旬，越冬卵开始孵化若虫。早期若虫在枣树萌芽前先危害作物和杂草，2 龄后上树危害枣树，晚孵若虫随枣树萌芽即危害嫩芽及幼叶。5 月上中旬达危害盛期。5 月下旬后，羽化成虫迁飞到园外湿度较大的地方，危害其他作物。9 月下旬至 10 月下旬，最后一代成虫在树上产卵越冬。

(4)防治方法

①枣树萌芽前，在树上喷 5 波美度的石硫合剂。

②4 月中下旬枣树近萌芽时，向树上喷布 48%的乐斯本乳油 1 200～1 500 倍液、52.25%农地乐乳油 1 500～2 000 倍液等。

③10 月中旬左右，虫口密度大时，喷药杀灭成虫，减少产卵量。

10. 山楂红蜘蛛 又名红蜘蛛，属蜱螨目，叶螨科。

(1)发生与危害 该虫分布广泛，是近年来对枣树危害程度上升的叶部主要害虫之一。以成螨或若螨危害叶片、花蕾、花及果实。幼树和根蘖苗受害最为严重。该虫多集中在叶片背面主脉两侧刺吸汁液为害。叶片被害后出现淡黄色斑点，并有一层丝网粘满尘土，叶片渐变焦枯。花蕾和花受害后，枯萎脱落。枣果受害后，失绿发黄，萎缩脱落，严重影响枣的产量。

(2)形态特征

①成螨：雌螨卵圆形，背部前方隆起，有26根刚毛纵行排列。冬型螨体型小，朱红色，有光泽；夏型螨体型大，深红色，背部及第三对足后方有黑色斑。雄螨纺锤形，末端尖，初蜕皮时为浅黄色，取食后变为橙黄色，体背两侧有暗绿色斑纹两条。

②卵：圆球形，橙红色或淡黄色。

③若螨：刚孵出时为圆形，黄白色。有前、后期之分。前期体小，背具刚毛，初现绿色斑点；后期体型增大，体色淡绿，背部黑斑明显。

(3)生活习性 该螨一年发生8～9代，以受精的雌螨在树皮缝内或根际处土缝中越冬。第二年春季天暖时活动产卵，6月中旬为危害盛期，7～8月份可成灾。阴雨连绵对螨的生长发育、繁殖及蔓延有一定的控制作用。9～10月份转枝越冬。

(4)防治方法

① 人工防治：结合枣树冬季管理，刮除老翘树皮，集中焚毁，消灭越冬虫源。

② 化学防治：枣树萌芽前喷施5波美度的石硫合剂，对该虫的发生有一定的控制作用。或在该虫危害高峰期，喷施牵牛星2 000～3 000倍液、杀螨利果2 500～3 000倍液、40%硫

悬浮剂 300～500 倍液，均对害螨有较好的防治效果。虫口密度大的枣林，可连喷 2～3 次，每隔 10～15 天喷一次。

11. 豹纹木蠹蛾 又名咖啡豹蠹蛾、豹蠹蛾和截干虫等，属鳞翅目，豹蠹蛾科。

(1)发生与危害 该虫在我国分布广泛，是枣树枝干主要害虫之一。以幼虫蛀食枣树枝干为害。幼虫初期从叶柄基部或枣吊基部，蛀入木质部，取食枣吊木质部，造成枣吊枯死。随着虫龄的增加而转移到枣头嫩枝或基部的髓心木质部为害，均从主孔向先端部分蛀食，导致蛀孔至端部枝条枯死。有时也危害二次枝或幼树主干，导致幼树整株死亡。

(2)形态特征

①成虫：体长 18～22 毫米，翅展 33～36 毫米。头部白色，胸腹部灰白色。胸背有 3 对蓝色斑块。前翅散生大小不规则的青蓝色斑点，后翅亚中褶之前布满黑蓝色横窄条斑。腹部各节背面有 3 条蓝色纵斑，两侧各有 1 个圆斑。雌蛾触角丝状，雄蛾触角下半部为双栉状，上半部线形。臀部有尾毛。

②卵：圆球形，初产时淡黄色，孵化前变为紫黑色。

③幼虫：初孵出时紫黑色，后变为紫红色。头黄褐色。前胸背板黑色，具黑斑两个，子叶形。臀板黑色，有光泽。腹部各节疏生褐色毛。

④蛹：弯纺锤形，赤褐色，为被蛹。

(3)生活习性 该虫一年发生 1 代，以幼虫在枝条内越冬。第二年春季枣芽萌动时，幼虫沿髓心向四周蛀食木质，并向外开一个通气、排粪孔。化蛹前，用虫粪堵塞虫道两头，吐丝缠缀，化蛹其中。6 月上旬开始化蛹，蛹期 10～15 天。7 月中旬为成虫羽化盛期。成虫具趋光性。白天静伏不动，夜间活动交尾产卵。卵产在幼树或新生枣头上，多散生或块产，卵期 10

天。幼虫孵出后危害枣吊、二次枝、一次枝或幼树主干。多自下而上取食，越冬前回头向下蛀食。

(4)防治方法

①人工防治：5月上旬结合枣树林间管理，普查枯枝。凡枣头干枯不萌发者，在枯枝下20～30厘米处剪枝，并集中焚烧。

②物理防治：在成虫发生期，可在林间用黑光灯或火堆诱杀成虫。

③化学防治：幼虫孵化后，在其钻入枝中之前，喷施20%杀灭菊酯2 000～3 000倍液，予以毒杀。

12. 蚱蝉 又名黑蝉和知了，属同翅目，蝉科。

(1)发生与危害 该虫在全国各枣区均有分布，尤其以黄河故道地区虫口密度最大，是枣树枝干主要害虫之一。该虫对枣树的危害有三种方式：一是以若虫在地下吸食枣树根部汁液；二是以成虫刺吸枣树枝条、枣果汁液；三是在产卵时刺伤枝条表皮，造成枝条因失水而枯死。

(2)形态特征

①成虫：体黑色，具金属光泽，体长40～50毫米，翅展120～130毫米。足褐色，头的前缘及额顶各有一块黄褐色斑，头顶3个单眼，琥珀色，呈三角形排列，复眼灰褐色，触角刚毛状。前胸背板比中胸背板短，外片上有皱纹，中胸背板有"X"状隆起，前角各有一条暗色纹。前后翅透明，翅脉黄褐色。腹部各节侧缘黄褐色。雄虫第一、第二腹节有鸣器。雌虫有锯式产卵器。

②卵：长椭圆形，乳白色。

③若虫：淡褐色，体形近似成虫。前足腿节、胫节发达，有齿，翅芽发达。

(3)生活习性　该虫四年发生1代，若虫期较长。以卵在树枝表皮或以若虫在土壤中越冬。卵在第二年6月份孵化。若虫入土取食植物根部汁液，直至发育成熟。6～7月份，在傍晚时分出土，当晚蜕皮羽化为成虫。成虫刺吸嫩枝和果实的汁液。成虫善飞，有趋光性，寿命为60天左右。7月下旬至8月上旬，为其交尾产卵盛期，也是其危害的高峰期。雌虫穴产卵于新生枣头，并连续多处切断韧皮筛管，导致卵穴上部枝条枯死。

(4)防治方法

① 人工防治：枣果采收前，人工剪掉已枯凋的蝉卵枝，并集中焚烧灭卵，或雨后人工捕杀出土的若虫。

② 物理防治：成虫发生期，夜间在枣林间点火，同时摇树，使成虫飞入火中烧死，也可用黑光灯诱杀。

③ 化学防治：结合防治桃小食心虫，同时兼治蚱蝉。

二、枣树病虫害的无公害防治技术

(一)病虫害的无公害防治技术总原则

遵循“预防为主，综合防治”的原则，以改善果园生态环境、加强栽培管理为基础，优先选用农业和生态调控措施，注意保护利用天敌，充分发挥天敌的自然控制作用。选用高效生物制剂和低毒化学农药，并注意轮换用药，改进施药技术。最大限度地降低农药用量，以减少污染和残留，将病虫害控制在经济阈值以下，保证枣果质量符合国家标准。换句话说，枣树病虫害无公害防治，要以农业和物理防治为基础，生物防治为核心，按照病虫害的发生规律和经济阈值，科学使用化学防治技术，有效控制病虫的危害。

1. 农业防治　采取剪除病虫枝、清除枯枝落叶、刮除树干翘裂皮、翻树盘、地面秸秆覆盖和科学施肥等措施，抑制病虫害的发生。

2. 物理防治 根据害虫生物学特性，采取糖醋液、树干缠毒草绳、刷粘虫胶、利用频振式杀虫灯和黑光灯等方法，诱杀害虫。

3. 生物防治 人工释放赤眼蜂，保护瓢虫、草蛉和捕食螨等天敌，土壤施用白僵菌防治桃小食心虫、枣尺蠖和枣粘虫等，利用昆虫性外激素诱杀成虫，或干扰成虫交配。

4. 化学防治 根据防治对象的生物学特性和危害特点，推广使用生物源农药、矿物源农药、低毒有机合成农药，有限度地使用中毒农药，全面禁止使用剧毒、高毒、高残留农药。同时科学合理使用农药，加强病虫害的预测预报，做到有针对性地适时用药，在未达到防治指标，或益虫害虫比例合理时，不使用农药。严格按照规定的农药种类、使用浓度和使用次数、间隔时间等方面，使用农药，不使用未核准登记的农药。根据天敌发生特点，合理选择农药种类、施用时间和施用方法，以保护天敌。要注意不同作用机理的农药交替使用和合理混用，以延缓病菌和害虫产生抗药性，提高防治效果。坚持农药的正确使用方法，施药力求均匀周到。

（二）无公害农药的种类

无公害农药，是指对人、畜及各种有益生物毒性小或无毒，易分解，不造成对环境及农产品污染的高效、低毒、低残留、安全的农药。根据全国农技中心 2002 年 7 月 1 日公布的“农技植保(2002)31 号”文件，介绍无公害农药如下：

1. 杀虫、杀螨剂

（1）生物制剂和天然物质 此类农药有：苏云金杆菌、甜菜夜蛾核多角体病毒、银纹夜蛾核多角体病毒、小菜蛾颗粒体病毒、茶尺蠖核多角体病毒、棉铃虫核多角体病毒、苦参碱、印楝素、烟碱、鱼藤酮、苦皮藤素、阿维菌素、多杀霉素、浏阳霉素、白僵菌、除虫菊素和硫黄。

(2)合成制剂　此种农药主要有以下几类：

①菊酯类：溴氰菊酯、氟氯氰菊酯、氯氟氰菊酯、氯氰菊酯、联苯菊酯、氰戊菊酯、甲氰菊酯和氟丙菊酯。

②氨基甲酸酯类：硫双威、丁硫克百威、抗蚜威、异丙威和速灭威。

③有机磷类：辛硫磷、毒死蜱、敌百虫、敌敌畏、马拉硫磷、乙酰甲胺磷、乐果、三唑磷、杀螟硫磷、倍硫磷、丙溴磷、二嗪磷和亚胺硫磷。

④昆虫生长调节剂：灭幼脲、氟啶脲、氟铃脲、氟虫脲、除虫脲、噻嗪酮、抑食肼和虫酰肼。

⑤专用杀螨剂：哒螨灵、四螨嗪、唑螨酯、三唑锡、炔螨特、噻螨酮、苯丁锡、单甲脒和双甲脒。

⑥其他：杀虫单、杀虫双、杀螟丹、甲胺基阿维菌素、啶虫脒、吡虫啉、灭蝇胺、氟虫腈、溴虫腈和丁醚脲。

2. 杀菌剂　此种农药主要有以下三种：

(1)无机杀菌剂　碱式硫酸铜、王铜、氢氧化铜、氧化亚铜和石硫合剂等。

(2)合成杀菌剂　代森锌、代森锰锌、福美双、乙磷铝、多菌灵、甲基硫菌灵、噻菌灵、百菌清、三唑酮、三唑醇、烯唑醇、戊唑醇、己唑醇、腈菌唑、乙霉威·硫菌灵、腐霉利、异菌脲、霜霉威、烯酰吗啉·锰锌、霜脲氰·锰锌、邻烯丙基苯酚、嘧霉胺、氟吗啉、盐酸吗啉胍、噁霉灵、噻菌铜、咪鲜胺、咪鲜胺锰盐、抑霉唑、氨基寡糖素、甲霜灵·锰锌、亚胺唑、春·王铜、噁唑烷酮·锰锌、脂肪酸铜、松脂酸铜和腈嘧菌酯等。

(3)生物制剂　井冈霉素、农抗120、菇类蛋白多糖、春雷霉素、多抗霉素、宁南霉素和农用链霉素等。

(三)禁止使用的农药

根据中华人民共和国农业部第199号公告(2002年5月20日),国家明令禁止使用六六六、滴滴涕、毒杀芬、二溴氯丙烷、二溴乙烷、杀虫脒、除草醚、艾氏剂、狄氏剂、汞制剂、甘氟、毒鼠强、氟乙酸钠、毒鼠硅、砷类和铅类等18种农药。

并规定甲胺磷、甲基对硫磷(甲基1605)、对硫磷(1605)、内吸磷(1059)、久效磷、磷胺、甲拌磷(3911)、水胺硫磷、甲基异柳磷、特丁柳磷、甲基硫环磷、治螟磷、异丙磷、三硫磷、氧化乐果、呋喃丹、克百威、涕灭威、灭多威、三氯杀螨醇、林丹、灭线磷、蝇毒磷、地早硫磷、氯唑磷和苯线磷等多种农药,不能在蔬菜和果树上使用。

思 考 题

1. 枣树的病害主要有几种?说出其危害的部位或器官。

2. 怎样预防和治疗枣疯病?

3. 怎样防治枣果铁皮病和枣锈病?

4. 在目前的枣树生产中,主要的害虫有哪些?

5. 怎样防治桃小食心虫和枣瘿蚊?

6. 怎样防治绿盲蝽和红蜘蛛?

7. 无公害防治枣树病虫害有何意义?怎样才能实现枣树病虫的无公害防治?

第七章　枣果的采收及采后处理

一、枣果的采收

(一)枣果的成熟及采收适期

1. 枣果的成熟期　根据果皮颜色和果肉质地等变化情况的不同,枣果成熟过程可划分为三个阶段:即白熟期、脆熟期和完熟期。

(1)白熟期　基本特征是:果实基本上达到了品种固有的形状和大小;果皮薄,细胞叶绿素大量减少,由绿色转为绿白色或乳白色;果肉绿白色,质地比较疏松,果汁少,含糖量低。

(2)脆熟期　基本特征是:果皮增厚,稍硬,煮熟后易与果肉分离。自梗洼、果肩开始逐渐着色,直至全红。果肉为绿白或乳白色,质地发脆,汁液增多,淀粉逐渐转化为糖,含糖量剧增,具备了品种的特有风味。

(3)完熟期　基本特征是:脆熟期过后半个月左右,果皮颜色进一步加深,出现微皱;果肉为乳白色,含糖量继续增大,近果柄端开始转黄,近核处转变成黄褐色,质地从近核处开始逐渐向外变软;含水量减少,含糖量继续增加;果实开始出现自然落地现象。

2. 采收适期　不同用途的枣果,其采收适期的标准不同,应分别对待。一般加工蜜枣用的枣果,以白熟期为采收适期。此期枣果已基本发育到固有大小,肉质疏松,糖煮时容易充分吸糖且不会出现皮肉分离,制成品为黄橙晶亮,为半透明琥珀色，品质最佳。作鲜食和加工乌枣、南枣和醉枣用的枣果，以脆熟期为采收适期。此期枣果色泽鲜红，甘甜微酸，松脆多汁，鲜食品质最好。用以加工乌枣或南枣，能获得皮纹细、肉质紧的上等佳品；加工醉枣，能保持良好的风味，还可防止过熟破伤引起的烂枣。制干用的枣果，以完熟期采收最佳。此期枣果已充分成熟，营养丰富，含水量少，不仅制干率高，而且制成的红枣色泽光亮，果形饱满，富有弹性，品质最好。

由于不同品种的成熟期存在很大的差异，具体的采收日期应依品种特性而定。采收适期的确定，还应考虑到天气以及贮藏加工和市场的要求等。一般采前落果严重的，可适当早采；为提高耐贮性，鲜食用的可在半红期采收；制干用且不易裂果和采前落果轻的，可尽量晚采；对于遇雨易裂果的品种，可根据天气预报情况，适当提前采收。此外，鉴于枣树同一品种的不同树及同一树上不同枣的成熟期存在较大差异（可达两周以上），果实特别是鲜食品种果实，以分期采收为宜。

（二）采收方法

1. 人工采摘　人工采摘包括手工采摘和振落采收。手工采摘，主要适用于鲜食和加工乌枣、南枣、醉枣等的枣果采收。虽然用工多，但可保证鲜枣不受损伤，有利于贮藏和加工。

振落采收，主要适用于制干枣果的采收。一般是用竹竿或木棍振荡枣枝，在树下撑（铺）以布单接枣，以减少枣果破损和节省捡枣用工。采用此法采收，应注意保护树体。每年的振动部位应相对固定，以尽量减少伤疤，尤其要避免"对口疤"。另外，下杆的方向不能对着大枝延长的方向，以免打断侧枝。

2. 化学采收　主要适用于制干枣果的采收。其方法是：在采收前的 5～7 天，全树均匀喷洒浓度为 200 毫克/升的乙烯利溶液。一般喷后第二天即可见效，第四天进入落果高峰。

喷后 5～6 天时，轻轻振动枝干，枣果即可全部落地。此法较人工振落采收，可提高工效 10 倍左右，提高制干品质，并可避免损伤树体和枝叶。需要注意的是，乙烯利对叶片老化和脱落过程也有促进作用。当乙烯利喷施浓度高于 300～400 毫克/升时，会引起大量落叶。所以，生产上应用时，应先进行小型试验，以确定适合当地品种的最佳浓度。鲜枣不能进行化学采收，否则会严重影响贮藏后的品质。

二、枣果的采后处理

（一）枣果的分级

随着市场经济的不断发展，消费者对商品的质量要求日益严格，传统的混级销售已经不能适应市场的要求。枣果分级，就是按照枣果质量标准或合同要求，采用一定的方法，把同一品种的枣果分成若干等级的过程。通过分级，可以使枣果等级分明，规格一致，达到商品的标准化，从而使商品可以满足不同消费者的需求，提高枣果的整体销售效益。此外，分级后便于枣果包装、销售、运输和贮藏。分级中剔出的残次果和病虫果，可就地进行加工处理，减少浪费，有利于枣果的综合利用。

1. 分级标准的制定 枣果的质量标准，是对商品枣果进行分级的主要依据。所谓枣果质量标准，是指由国家或地方主管部门批准，以特定形式发布的对枣果等级质量及检验、包装、运输和贮存等所作的统一规定。地方和企业一般也有相应的产品标准。但企业标准，一般应达到或超过国家或地方标准。枣果质量等级标准，可参考当地已有的地方标准。待国家制定的枣果质量等级新标准颁布后，可作为枣果分级的依据。

2. 分级方法 分级前应先进行挑选，将外观品质不符合等级果要求的先行剔除，再根据内在品质优良程度、外观完好程度和果实大小(重量)情况，将枣果分成不同的等级。

枣果的内在品质，主要包括果肉营养成分的含量、口感和风味，以及是否含有有毒物质等。其外观品质，主要包括果实的大小、色泽、洁净度、病虫果率及机械伤情况和杂质含量等。枣果的内在品质，一般由质检部门界定；而其外观品质，生产者则完全可以在上市前进行分级处理。分级是否认真和准确，直接关系到枣果上市价格的高低。

目前，枣果的分级大多是由人工和机械化作业相结合而进行的。首先，用人工将鲜枣中病虫、日灼、碰压与裂果等果面损伤严重，红枣中干条、破头、浆头与病虫危害等损伤较重，外观缺陷明显不符合等级指标要求的果实，加以剔除，然后或借助滚筒式分级机进行大小分级。市场上的分级枣果的价格，一般比混级枣的果价格高3～5倍。

(二)枣果的清洗

枣果分级后，一般鲜枣要进行入库冷藏，干制枣可进行人工烘烤干制。为了提高枣果的商品质量，一般要对枣果进行清洗处理。这样，既提高了果面的洁净度，又可以减少果面农药残留对人体健康的危害。

鲜枣贮藏前，一般可以用清水清洗。然后通过热气流风干表面水分，再加以贮藏。用作干制的枣果，在人工干制前，也应充分进行水洗，以去除表面尘土和污迹。这样，制干后即成为免洗产品，备受消费者欢迎。

(三)枣果的包装

包装，是枣果商品化的重要环节，主要起保护果实、方便贮运和购买、促进流通和销售、美化和宣传产品、有利于品牌识别等作用。设计精美的包装,可以大大提高枣果商品的档次,刺激消费者的购买欲望。目前,枣果包装发展很快,并且各式各样,已经彻底改变传统的大包装销售模式。枣果包装应符合“科学、经济、牢固、美观、实用”的原则,在货真价实的前提下,力争能够显示商品的特点和风格,最大限度地发挥包装的各项功能,做到包装档次与商品档次、实体结构与装璜艺术相一致,并符合消费者的消费心理和消费习俗。

目前,广泛采用瓦楞纸箱为包装容器。瓦楞纸箱的主要优点是:重量较轻,空箱可以折叠,便于存放和运输;箱体坚固,具有一定的弹性,可较好地保护果实;便于装璜印刷,有利于提高枣果的市场竞争力。但也存在吸潮后变软、强度不太理想、外观及质地不够高雅美观的缺陷。

近年开始使用的钙塑瓦楞纸箱(简称钙塑箱),是较为理想的枣果包装容器。与瓦楞纸箱相比,钙塑箱具有以下的优点:防水,防潮,不吸湿变软,可供各种贮藏场所使用;抗压性能强,比同规格的瓦楞纸箱高 1 倍以上;为机械成型,外形美观;节约木材,成本也不高。因此,钙塑箱在枣果的包装中,应用越来越多。

此外鲜枣还可用塑料箱、泡沫塑料箱做包装容器。1 千克以下枣果的小包装(包括鲜枣和红枣),可用单层硬纸盒或透明塑料盒为包装容器。

思 考 题

1. 如何根据枣果的用途和成熟期,适时采收枣果?
2. 如何进行枣果的分级和包装?

与防治原色图谱 21.00元
葡萄栽培技术(第二版) 9.00元
葡萄优质高效栽培 10.00元
葡萄病虫害防治(修订版) 8.50元
葡萄病虫害诊断与防治
原色图谱 18.50元
盆栽葡萄与庭院葡萄 5.50元
优质酿酒葡萄高产栽培
技术 5.50元
大棚温室葡萄栽培技术 4.00元
葡萄保护地栽培 5.50元
葡萄无公害高效栽培 12.50元
葡萄良种引种指导 12.00元
葡萄高效栽培教材 4.00元
李无公害高效栽培 8.50元
李树丰产栽培 3.00元
引进优质李规范化栽培 6.50元
李树保护地栽培 3.50元
欧李栽培与开发利用 9.00元
杏无公害高效栽培 8.00元
杏树高产栽培 3.50元
杏大棚早熟丰产栽培技
术 5.50元
杏树保护地栽培 4.00元
仁用杏丰产栽培技术 4.50元
鲜食杏优质丰产技术 7.50元
杏和李高效栽培教材 4.50元
李树杏树良种引种指导 14.50元
梨树良种引种指导 7.00元
银杏栽培技术 4.00元
银杏矮化速生种植技术 5.00元
李杏樱桃病虫害防治 8.00元
梨桃葡萄杏大樱桃草莓
猕猴桃施肥技术 5.50元
柿树良种引种指导 7.00元
柿树栽培技术(修订版) 5.00元
柿无公害高产栽培与加
工 9.00元
柿子贮藏与加工技术 5.00元
枣树良种引种指导 12.50元
枣树高产栽培新技术 6.50元
枣树优质丰产实用技术
问答 8.00元
枣树病虫害防治(修订版) 5.00元
枣无公害高效栽培 10.00元
冬枣优质丰产栽培新技
术 11.50元
枣高效栽培教材 5.00元
枣农实践100例 5.00元
山楂高产栽培 3.00元
板栗栽培技术(第二版) 4.50元
板栗病虫害防治 8.00元
板栗无公害高效栽培 8.50元
板栗贮藏与加工 7.00元
核桃高产栽培 4.50元
核桃病虫害防治 4.00元
核桃贮藏与加工技术 7.00元
美国薄壳山核桃引种及
栽培技术 7.00元
苹果柿枣石榴板栗核桃